JÖRN PINSKE
Mit Special:
Gurke &
Tomate
Gärtnern im
GEWÄCHSHAUS
Monat für Monat
Immer wissen, was zu tun ist!
BLV

INHALT

VORWORT 7

8

GEWÄCHSHAUS-LIEBLINGE

BASISWISSEN TOMATE **10**
Was Tomaten mögen 10
Tomaten-Universum 11
BASISWISSEN GURKE **12**
Das ist drin in der Gurke 12
Mit Hilfe nach oben 12
BASISWISSEN PAPRIKA **14**
Sortenwahl Paprika 15

16

GEWÄCHSHAUS-GÄRTNERN MONAT FÜR MONAT

JANUAR **18**
Die Wärmeliebenden 18
Aussaaten im Januar 18
Anbauen und ernten 20
Pflege und Gärtnerwissen 20
Anbauplanung im Gewächshaus 21
Auswahl der Sorten für Gewächshaus und Garten 23
FEBRUAR **24**
Anbauen und ernten 25
Aussaaten im Februar 27
Vorkultur im Zimmer oder Anzuchtkasten 27
Pflege und Gärtnerwissen 28
Was braucht man für die Aussaat 29
MÄRZ **30**
Anbauen und ernten 30
Welchen Sinn haben Veredlungen 31
Aussaaten im März 33
Treiberei 38
Luftfeuchtigkeit 38
Pflege und Gärtnerwissen 38
Pikieren 39
APRIL **40**
Anbauen und ernten 40
Aussaaten im April 41
Auspflanzen der Vorkulturen 43
Pflege und Gärtnernwissen 44
Schnecken 45

MAI **46**
Anbauen und ernten 46
Tomaten bewässern 48
Aussaaten im Mai 51
Auspflanzen nach Vorkultur 53
Pflege und Gärtnerwissen 53
JUNI **54**
Anbauen und ernten 54
Nährstoffmängel analyisieren 57
Aussaaten im Juni 62
Pflege und Gärtnerwissen 63
JULI **64**
Anbauen und ernten 64
Aussaaten im Juli 67
Pflege und Gärtnerwissen 68
Lüftung und Schattierung 70
AUGUST **72**
Anbauen und ernten 72
Schadbilder der Tomate 73
Aussaaten im August 75
Pflege und Gärtnerwissen 75
Welche Heizungen kommen in Frage 77
SEPTEMBER **78**
Anbauen und ernten 78
Nachreifen lassen 79
Aussaaten im September 82
Pflege und Gärtnerwissen 83
OKTOBER **84**
Anbauen und ernten 84
Aussaaten im Oktober 85
Pflege und Gärtnerwissen 86
NOVEMBER/DEZEMBER **88**
Anbauen und ernten 88
Aussaaten im November/Dezember 88
Praxis und Gärtnerwissen 88

90

DAS KÜBELPFLANZENJAHR

JANUAR BIS DEZEMBER **92**

94

TECHNIK UND AUSSTATTUNG

SO FUNKTIONIERT EIN GEWÄCHSHAUS **96**
Preis = Qualität? 97
Tipps zum Eigenbau 98
GEWÄCHSHAUSTYPEN UND EINRICHTUNG **99**
Das Satteldachhaus 99
Anlehn- oder Pultdachgewächshaus 99
Das Runddachhaus 100
Das Fundament 100
Der richtige Standort 101
Alles eine Frage des Materials 102
Überlegungen zur Lüftung 103
Innenausstattung 104
CHECKLISTE FÜR DIE ANSCHAFFUNG **106**
BEZUGSQUELLEN **108**
REGISTER **109**
IMPRESSUM **111**

VORWORT

Tomaten, Gurken sowie viele andere Gemüsearten selbst anbauen und erntefrisch genießen? Dieser Wunsch lässt sich mit einem Gewächshaus wunderbar verwirklichen. Selbst ohne Heizung ist der Anbau drinnen viel einfacher als im Freiland – und zwar (fast) ganzjährig.
Und nicht nur das: Auch alle Pflanzen für den Freilandanbau im Gemüsegarten lassen sich in einem Gewächshaus bedarfsgerecht vorziehen. Auf diese Weise kann man nach der Ernte immer gleich nachpflanzen.
Neben den Wärmeliebhabern wie Tomate, Paprika und Gurke sind vor allem Salate in vielen Variationen bei den Gewächshausgärtnern gefragt. Sie haben den großen Vorteil, dass sie selbstverträglich sind. Das heißt: Wo ein Salat geerntet wurde, kann gleich wieder ein neuer gepflanzt werden, ohne dass man Kümmerwuchs oder erhöhte Anfälligkeit für Krankheiten befürchten muss wie etwa bei den Tomaten.
Doch ein Gewächshaus kann noch viel mehr: Hier kann man seine Kübelpflanzen überwintern sowie Zimmerpflanzen, Stauden und Sommerblumen vermehren. Und nicht zuletzt kann ein Gewächshaus, in dieser Variante natürlich ganzjährig beheizt, die Krönung eines spannenden Pflanzenhobbys – wie die Kultur tropischer Orchideen, Kakteen, Bromelien oder Insektivoren – sein.
Erholung im Grünen – das Gewächshaus »mit Sitzplatz« – auch das ist durchaus eine attraktive Variante. Zu diesem Zweck sind echte »Hingucker« gefragt, die durch Farbe und Form bestechen. Nostalgiker setzen – in Anlehnung an viktorianische Vorgänger – auf alte Baumaterialien, sogar Gusseisen und Holz werden wieder gern verwendet. Zur Erholung im Grünen sind solche Bauten natürlich wie geschaffen, ein Sitzplatz darin ist Pflicht. Rein »funktionelle« Häuser aus Aluminium und preiswerte Folienhäuser oder -tunnel mit begrenzter Lebensdauer haben aber ebenfalls ihre Liebhaber – vor allem wenn man den Geldbeutel nicht ganz so weit aufmachen will.
Nutzen Sie auf jeden Fall die im Vergleich zum Freiland deutlich verlängerte Anbau- und Erntezeit! Damit Sie sich möglichst das ganze Jahr über mit selbst angebauten Tomaten und Gurken sowie sonstigem Gemüse versorgen können. Monat für Monat bekommen Sie Tipps, was wann zu tun ist. Sie haben damit beste Aussichten, dass Ihre Ernte jederzeit reichlich ist!

Ihr
Jörn Pinske

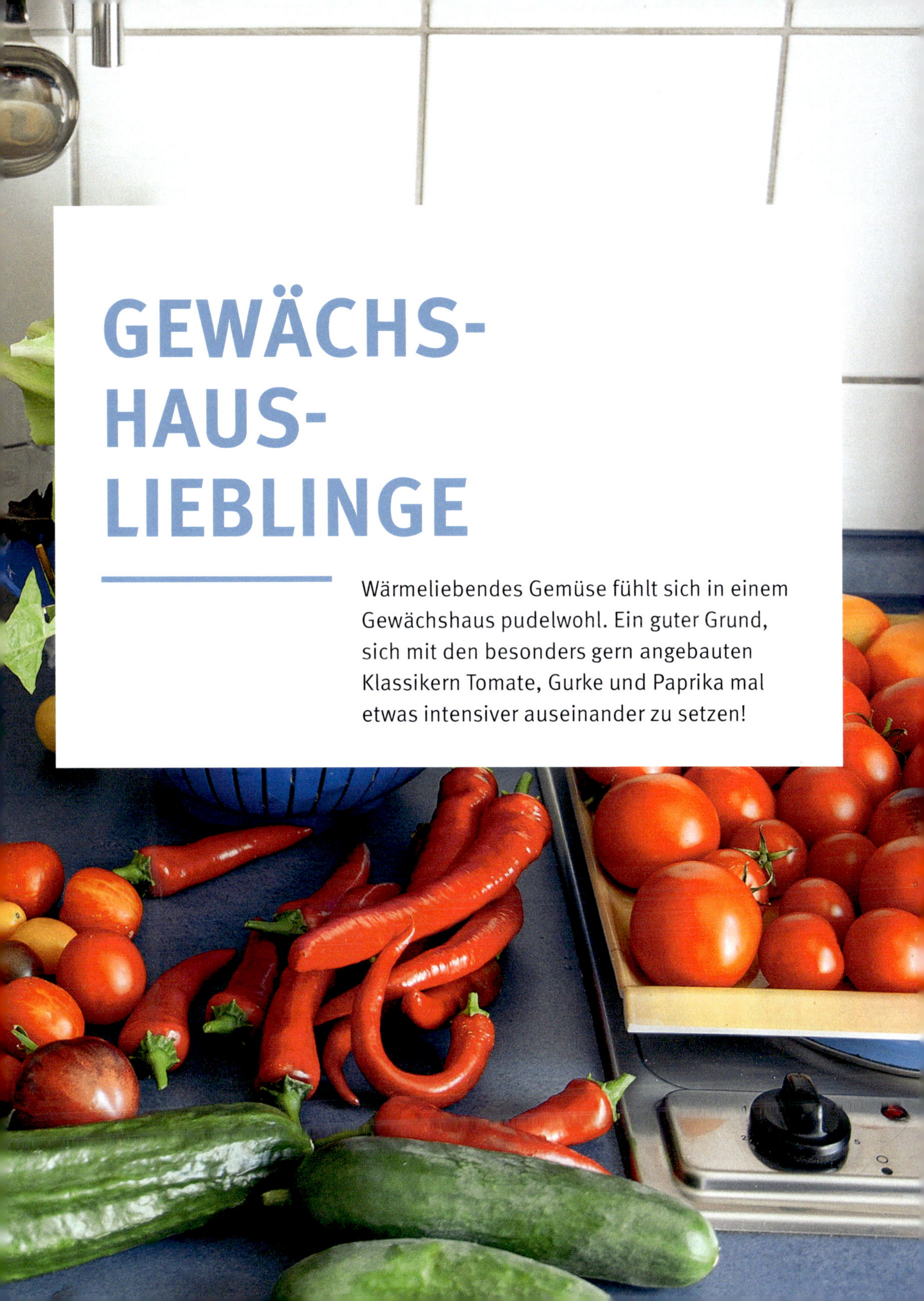

GEWÄCHS-HAUS-LIEBLINGE

Wärmeliebendes Gemüse fühlt sich in einem Gewächshaus pudelwohl. Ein guter Grund, sich mit den besonders gern angebauten Klassikern Tomate, Gurke und Paprika mal etwas intensiver auseinander zu setzen!

BASISWISSEN TOMATE

Tomaten sind das Lieblings-Fruchtgemüse sicher nicht nur der Deutschen. Statistisch verzehrt jeder fast 30 Kilogramm davon im Jahr.

WAS TOMATEN MÖGEN

»Paradeiser« – so werden Tomaten auch genannt – sind für den Freilandanbau bei uns »eigentlich« ungeeignet. Für sie ist es draußen meistens weder sonnig noch warm genug, denn Tomaten sind hinsichtlich Temperatur und Licht sehr anspruchsvoll. Auf zu viele Niederschläge und das Benetzen des Laubs reagieren sie mit Pilzkrankheiten der Blätter, schlimmstenfalls sogar mit der gefährlichen Krautfäule. Gewächshäuser oder Tomatenzelte bieten da bessere Bedingungen als das Freiland. Doch man muss zuerst die besten Sorten für den Standort finden.
Hinsichtlich des Bodens sind die Tomaten nicht besonders anspruchsvoll. Staunässe und überhaupt schlecht durchlüftete Böden mögen sie allerdings nicht. Dem kann man mit einer Humusanreicherung gegensteuern. Das hat auch den Vorteil, das sich die Erde rasch erwärmt.

Probieren geht über studieren

Gut ist es, an einer Verkostung teilzunehmen. Viele Gärtner bieten dazu meist im August Gelegenheit. Auch Vereine zur Erhaltung von Nutzpflanzen laden dazu ein. Neben alten Sorten kommen viele neuen Sorten in Frage. Durch Selektion wurden resistente, reichtragende Sorten – auch solche mit gutem Geschmack –, hervorgebracht. Wenn man Sorten selbst anbaut, müssen es sortenfeste, meist sind es alte Landsorten, sein. Deren Samen kann man immer wieder verwenden.
Da der Geschmack auch vom Zuckergehalt abhängig ist, und viele süße Tomaten bevorzugen, sind Cocktailtomaten mit etwa 8 % Zuckergehalt am beliebtesten.

Tomaten muss man anbinden: Hier wächst eine rote Sorte am Spiralstab. Sie reift relativ gleichmäßig.

Gelbe Dattelwein: eine ertragreiche gelbe Kirschtomate mit saftig-süßen, würzigen Früchten.

AUF EINEN BLICK: TOMATEN-UNIVERSUM

Bei den Tomaten fehlt eine einheitliche Typenbeschreibung. Unterschieden wird vor allem nach folgenden Kriterien:

- **Form** *Am häufigsten sind runde, glatte Früchte (»normale Tomate«). Zu den Schwergewichtlern gehören die flach-runden und glatten Fleischtomaten, die mehr als ein Pfund auf die Waage bringen können und außerdem oft unregelmäßig gerippt sind. Daneben gibt es herzförmige, ovale und pflaumenförmige Früchte; sie zählt man zu den Dattel-, Eier-, Cherry- oder Cocktailtomaten. Birnenförmig sind Kirschtomaten, länglich die San-Marzano-Tomaten geformt.*
- **Größe** *Man kann Tomaten auch nach der Größe einteilen, diese ist abhängig von der Zahl der Fruchtkammern. So haben kleine Cherry- und kleinfrüchtige Wildtomaten lediglich 2–3, normale Tomaten 3–5 und große Typen wie die Fleischtomate schon mal 10 Fruchtkammern. Interessant auch die Reisetomate, die vor allem in Guatemala angebaut wird: Sie besteht aus mehreren, voneinander abgetrennten Fruchtkammern.*
- **Farbe** *Es gibt weiße, gelbe, orangefarbene, rote, pinkfarbene, violette, grüne, braune und schwarze Tomaten. Daneben sind auch gestreifte und marmorierte Tomaten bekannt.*
- **Wuchstyp** *Hier kann man begrenzt (determiniert) oder unbegrenzt (indeterminiert) wachsend unterscheiden. Als Busch- oder Stabtomate wird die Pflanze auch an einer Schnur gezogen.*
- **Reifetyp** *Hier unterscheidet man früh-, mittel- und spätreifende Sorten.*

Die Auswahl der Sorten ist riesig, die Vielfalt wird, neben dem optischen Eindruck, erst durch eine Verköstigung voll erkennbar. Dazu bieten Spezialgärtnereien manchmal Gelegenheit, die sollte man nutzen!

BASISWISSEN GURKE

Wahrscheinlich aus Indien, von den Ausläufern des Himalaja-Gebirges, stammt das Kürbisgewächs, von dem jeder in Deutschland fast 7 Kilogramm jährlich verzehrt. Seit mehr als 5000 Jahren wird es angebaut. Griechische und römische Soldaten brachten die Gurke nach Süd-, dann nach Mitteleuropa. Kaiser Karl der Große veranlasste später, dass sie auf seinen Landgütern angebaut wurde.

Je nach Nutzung werden Salat- oder Schlangengurke sowie Einlege- oder Gewürzgurke unterschieden. Geeignet zum Frischverzehr sind vor allem Schlangengurken unterschiedlicher Sorten. Gurken sind wie die Tomaten sehr wärmebedürftig und damit fürs Gewächshaus wie geschaffen. Sie lieben hohe Luftfeuchtigkeit.

DAS IST DRIN IN DER GURKE

Wasser, und zwar zu 95 %. Ein idealer Schlankmacher also: 100 Gramm Frischgurke enthalten gerade einmal 12 Kalorien, die wenigen Vitamine befinden sich überwiegend in der Schale. Besonders beim Eigenanbau sollte man die Gurken deshalb auf jeden Fall ungeschält genießen. Und die Pflanzen auf jeden Fall im Beet regelmäßig wässern, damit sie nicht bitter werden. Gegen die Bitterstoffe gibt es nämlich keine Gegenmittel – die Früchte müssen auf den Komposthaufen.

Gurken enthalten Enzyme, die Eiweiß spalten können. Werden sie zusammen mit Fleisch verzehrt, soll es leichter verdaut werden. Auch Diabetiker können von der Gurke profitieren, sie hat eine blutzuckerregulierende Wirkung.

Der wichtigste Punkt aber ist: Sie schmeckt – frisch verzehrt – ganz einfach lecker!

MIT HILFE NACH OBEN

Gurkenpflanzen sind einjährig, sie bilden Wickelranken, damit »klettern« sie an einem Spalier bzw. Schnüren oder Gittern nach oben. Das hat den Vorteil, dass die Früchte nicht mit Erde verschmutzt werden.

Gurken können so mehrere Meter hoch ranken, werden in der Regel aber auf etwa 2 Meter Höhe

Vorn die Mini-Gurke 'Picolino F1', hinten die Schlangengurke 'Dominica' F1. Beide sind sehr ertragreich.

eingestutzt. Die Blüten sind getrenntgeschlechtlich, aber an einer Pflanze treten stets männliche und weibliche Blüten auf. Sie sitzen in den Blattwinkeln, wobei eigentlich männliche Blüten in der Überzahl sind. Weiblichen Blüten mit dem unterständigen, länglichen Fruchtknoten bilden sich an den Seitentrieben.
Heute werden zunehmend Sorten angebaut, bei denen die Ausbildung männlicher Blüten unterdrückt ist.
Die Gewächshausgurke benötigt von allen Gemüsearten die höchste Luft- und Bodentemperatur. Schon bei 10 °C über einen längeren Zeitraum können die Pflanzen absterben, da Wasser- und Nährstoffaufnahme gehemmt sind.

Gerüstpflicht?

Feldgurken und Essiggurken benötigen nicht unbedingt ein Rankgerüst, sie können auch am Boden kriechend angebaut werden. Dann die Früchte am besten auf eine Mulchunterlage legen.

TIPP

Rein weibliche Gurkenpflanze, man bezeichnet sie als »jungfernfrüchtig« oder »parthenocarp«. Das sind meist ertragreiche Sorten – hier 'Picolino F1' –, die ohne Bestäubung zur Fruchtbildung gelangen.

BASISWISSEN PAPRIKA

Dieses Fruchtgemüse stammt aus Mittel- bzw. Südamerika, wo 6 Arten der Gattung vorkommen. Die Pflanzen brauchen alle sehr viel Licht und Wärme, wenn sie sich gut entwickeln sollen, ein verdichteter Boden bekommt ihnen nicht.
Die Kulturarten (Paprika und Chili) sind fast ausschließlich aus der Art *Capsicum annuum* hervorgegangen. Im 16. Jahrhundert wurde Paprika über Spanien nach Europa gebracht, von wo er sich in den Mittelmeerländern, später auch in Ungarn und Rumänien, verbreitete.
Heute wird Paprika weltweit angebaut, »scharfe« Sorten vor allem in Indien und Mexiko. Ob Gemüsepaprika, Süßpaprika, Gewürzpaprika, Spanischer Pfeffer, Pfefferschoten, Peperoni oder Chili, immer ist einfach die Bezeichnung »Paprika« richtig. Zum echten Pfeffer *(Piper nigrum)*, auch Schwarzer Pfeffer, gibt es keine Verbindung.
Um den »neuen Pfeffer«, den Gewürzpaprika, der erstmals um 1950 in Ungarn gezüchtet wurde, vom »alten Pfeffer« zu unterscheiden, hat man in Indien den Namen »chillies« eingeführt. Die Spanier wiederum nannten Paprika »Chili«, weil sie glaubten, dass die Früchte ursprünglich aus Chile stammen.
Das Gemüse liefert einen wertvollen Betrag zur gesunden Ernährung, der auch besonders die vorbeugende Wirkung von Paprika auf viele Erkrankungen umfasst. Besonders Chili soll Speisen bekömmlicher machen, weil das enthaltene Capsaicin die Magensäureproduktion anregt.

Sie können grün, gelb, rot, groß oder klein sein, dazu mild, süß oder feuerscharf. Auf jeden Fall sind sie immer gesund. Zur Familie der Paprika gehören alle, auch die Peperoni, Peperoncini, Blockpaprika oder Chili.

AUF EINEN BLICK: SORTENWAHL PAPRIKA

- *Paprika werden weltweit gezüchtet. Die Auswahl von Jungpflanzen in den Gärtnereien wird immer vielfältiger, aber sie ist nicht vergleichbar ist mit der Fülle der Sorten im Samenangebot. Form, Farbe, Schärfe, es bleiben keine Wünsche offen.*
- *Rot, grün oder gelb, das sind die üblichen Farben, es gibt aber auch orangefarbene, violett, schwarz, braun oder weiß gefärbte! Die Farbe wird durch den unterschiedlichen Carotinoid-Gehalt verursacht. Farbe ist auch das Zeichen der Reife. Grüne Paprika sind unreif, sie schmecken leicht bitter.*
- *Gemüsepaprika, auch Blockpaprika genannt, sind milde, dickwandige Sorten ohne Schärfe.*
- *Rein nach der Form werden bestimmte Sorten als Spitzpaprika bezeichnet, sie sind besonders in Europa beliebt. Rückschlüsse auf den Geschmack kann man aus dieser Bezeichnung nicht schließen. Apfel-, Tomaten- oder Kirschpaprika geben ebenfalls nur Hinweise auf die Form.*
- *Schärfe und Süße fallen je nach Sorte unterschiedlich aus. Als Peperoni (Chili) werden in Deutschland, in der Schweiz und Österreich milde, mehr oder weniger scharfe Sorten angeboten. In Italien heißen sie dagegen Peperone oder Peperoncini.*
- *Wie bei Tomaten gibt es begrenzt und unbegrenzt wachsende Sorten.*

Eine scharfe Sache

Scharf, das ist schwer zu beschreiben. 1912 hat der Pharmakologe Wilbur L. Scoville versucht, eine Skala zur Abschätzung der Schärfe zu entwickeln. Dieser Wert ist abhängig vom Capsaicingehalt in der getrockneten Frucht. Capsaicin ist ein Alkaloid, welches die Schleimhäute reizt und so die Schärfeempfindung auslöst. Da aber der Gehalt an Capsaicin in den Früchten (sogar an einer Pflanze) und auch das Schmerzempfinden der Menschen unterschiedlich sind, wird heute die Schärfe gern durch Hochleistungs-Flüssigkeitschromatographie bestimmt. Eine in Mexiko gebräuchliche Einteilung der Chili-Schärfe erfolgt subjektiv in eine Werteskala von 1 bis 10.

Gebräuchliche Bezeichnung	Scoville-Scala
0	0
1	10 bis 500
2	500 bis 1.000
3	1.000 bis 1.500
4	1.500 bis 2.500
5	2.500 bis 5.000
6	5.000 bis 15.000
7	15.000 bis 30.000
8	30.000 bis 50.000
9	50.000 bis 100.000
10	100.000 bis 500.000
10 +	500.000 bis 15.000.000
10 ++	1.000.000 bis 15.000.000

Schärfe empfindet jeder anders, eine objektive Einteilung wurde erstmals durch Scoville beschrieben.

GEWÄCHSHAUS-GÄRTNERN MONAT FÜR MONAT

Auch ein kaltes Gewächshaus kann ganzjährig genutzt werden, größere Möglichkeiten bietet natürlich ein beheiztes und belichtetes Haus. Auf den folgenden Seiten erfahren Sie, was in jedem Monat an Arbeiten ansteht.

JANUAR

Der Januar ist in Europa der kälteste Monat des Jahres, das Gewächshaus kann man trotzdem nutzen. Mit Heizung kann es beispielsweise als Heimat für tropische Pflanzen wie Orchideen dienen, dann ist der Januar allerdings der Monat im Jahr, der für den Geldbeutel am teuersten wird. Je nach Herkunft werden Orchideen im Warm-, Temperiert- oder Kalthaus gehalten. Anders die Kakteen: Hier gibt es im Januar wenig zu tun, die meisten Arten werden noch in der Winterruhe gehalten, also kühl und trocken. Auch ohne Heizung lassen sich noch Gemüse wie Feld-, Winterkopf- und Asiasalate, die im Herbst gepflanzt wurden, ernten. Doch im Januar stehen auch schon die ersten Aussaaten von kälteunempfindlichen Arten an!

DIE WÄRMELIEBENDEN

Noch ist es zu kalt, um mit der Kultur von Tomate, Gurke und Paprika zu beginnen. Jetzt ist also Zeit, sich mit der Sortenwahl (siehe Seite 11 und 15) auseinanderzusetzen und eventuell das benötigte Saatgut zu bestellen.

AUSSAATEN IM JANUAR

Puffbohnen Die als Puff-, Sau- oder Pferdebohne bekannte Art wird schon lange in Europa angebaut. Das liegt daran, dass sie schon bei 3–4 °C keimt und Jungpflanzen sogar frosttolerant sind. Ein später Anbau ist nicht sinnvoll, da Puffbohnen

Das Gewächshaus im Winter: Schnee isoliert, wird die Menge allerdings zu hoch, muss das Haus von der Last befreit werden. Den Schnee kann man auch ins ungenutzte Haus bringen, um den Boden feucht zu halten.

keine Hitze vertragen. Wärme führt fast immer zum Befall mit der Schwarzen Bohnenblattlaus und generell zu geringerem Blütenansatz.
Ab Ende Januar kann man Puffbohnen im Gewächshaus vorziehen. Dazu wird ein 8-cm-Topf zu Dreiviertel mit Erde befüllt und mit jeweils 3–5 Bohnen ausgelegt. Anschließend wird mit ca. 3 cm Erde aufgefüllt. Nach dem Auflaufen weiter bis zum Rand Erde auffüllen. Dadurch bekommen die Bohnen später einen festen Stand. Sollte es noch sehr kalt werden, unbedingt mit einem Vlies (Wintervlies, siehe Seite 88) abdecken.

Stielmus Rübstiel, auch Rübstielchen, Stängelmus, Stängelripsen, Köhlstille oder Runkelstielchen genannt, kann man direkt ins Gewächshaus säen. Das eigentlich nur in Nordrhein-Westfalen bekannte Stielmus ist eher eine Mischung verschiedener Rübensorten, die direkt ins Gewächshausbeet – und zwar sehr dicht – gesät werden. Die Keimung erfolgt bei 10–18 °C in 5–10 Tagen. Der Reihenabstand liegt bei ca. 12 cm. Genutzt werden die zarten, getriebenen Stiele. Diese werden klein gehackt und gedünstet. Eine Sorte, die als Stielmus vertrieben wird, ist 'Namenia', sie wächst bei weitem Abstand rosettenartig, ohne jede Rübenbildung.

Sonstiges Zum Ende des Monats können in gemäßigtem Klima auch schon Radies, Frührettich, Kohlrabi, Asia- und Kopfsalate ausgesät werden. Die Vorkultur sollte allerdings in einem beheizten Bereich oder an der Fensterbank erfolgen, denn eine Mindesttemperatur von 6 °C bei Radies und bis 15 °C bei Kohlrabi ist notwendig. Bewährt hat sich der zusätzliche Einsatz einer Wachstumsleuchte (siehe Seite 24).

Puff- oder Saubohnen kann man am besten, wie alle Bohnen, im Gewächshaus im Topf vorziehen.

Stielmus lässt sich ab Januar direkt im Haus aussäen, am bekanntesten ist die Sorte 'Namenia'!

ANBAUEN UND ERNTEN

Wer im Herbst gepflanzt hat, kann bis in den Februar hinein im unbeheizten Haus ernten: Winterkopfsalate, Feldsalat, Endivie, Spinat und Winterportulak benötigen nur Frostschutz in Form von Vlies. Asiasalate können teilweise sogar auf Frostschutz verzichten, was auch ihrem Lichtbedürfnis besser entspricht. Knoblauch, im Oktober gesteckt, wächst über Winter im Haus weiter, man kann jetzt die jungen Triebe ernten, sie sind besonders aromatisch. Ist das Haus durch eine Heizung frostfrei, ist auch die Ernte von Kräutern wie Schnittlauch und der Salatanbau möglich.

PFLEGE UND GÄRTNERWISSEN

Nicht genutzte Häuser Auch wenn man das Gewächshaus jetzt nicht nutzt, sollte man es sich nicht einfach selbst überlassen. So ist der Boden immer feucht und möglichst durch Mulch geschützt zu halten. Zwar steht zu dieser Jahreszeit häufig kein Wasser im Garten zur Verfügung, doch Schnee ist auch Wasser, man kann also reichlich Schnee ins Haus schaufeln.

Vorkultur Zu diesem Zweck werden Jungpflanzen bzw. Aussaaten entweder im beheizten Gewächshaus, im beheizten Anzuchtkasten oder im Zimmer herangezogen. Entscheidend für den Erfolg sind die richtige Temperatur und ausreichendes Licht. Jungpflanzen lassen sich durch Vorkultur bedarfsgerecht und in der richtigen Sortenauswahl vermehren. Salat bietet eine große Sortenvielfalt vom Frühjahr bis in den Winter hinein. Je nach Bedarf wird beispielsweise ab Ende Februar der erste Salat gesät. Wenn dieser Salat das dritte Blatt – das entspricht dem ersten Laubblatt – gebildet hat, sät man erneut aus. Im Frühjahr dauert die Anzucht länger, später wächst alles schneller,

Anzuchtgefäße werden mit einer Ballbrause befeuchtet, so wird das Wasser gezielt ausgebracht.

Knoblauch im unbeheizten Gewächshaus: Im Oktober gesteckt, kann man jetzt die Blätter ernten.

dann genügt es, alle 3 Wochen auszusäen. Satzweiser Anbau lohnt nicht nur bei Salat, auch Buschbohnen kann man von Anfang Mai bis Ende Juni vorziehen und pflanzen, ebenso fast alle anderen Gemüse. Sogar Möhren und andere Rüben, die man allerdings immer früh pikieren muss, sonst »verdreht« sich die Pfahlwurzel im Topf und man erntet deformierte Rüben. Auch wenn es mehr Arbeit bedeutet: Das Pikieren in Schalen, Multiplatten, kleine Torf-, Kokos- oder Kunststofftöpfe lohnt sich (siehe Seite 104). Es ist sinnvoll, immer ein paar Pflanzen mehr als Reserve zu pikieren. Salat kann man zuerst recht eng pflanzen und später jeden 2., halbfertigen Salat ernten.

ANBAUPLANUNG IM GEWÄCHSHAUS

Auch im Gewächshaus kann man nicht alles gleichzeitig anbauen, weil nicht alle Kulturen zusammenpassen. Zu unterschiedlich sind die Ansprüche an Wärme, Licht und Luftfeuchtigkeit. Sogar wenn man nur Gemüse anbaut, sind abweichende Ansprüche zu berücksichtigen. Abwechslung (Fruchtfolge) beugt Bodenmüdigkeit und Krankheiten vor. Pflanzen einer Familie sollten frühestens nach 3 Jahren wieder auf dasselbe Beet gepflanzt werden. Das ist im Gewächshaus kaum möglich und die Praxis zeigt, es wird immer das »Lieblingsgemüse«

Wird das Gewächshaus beheizt, kann man Jungpflanzen dort kultivieren, sonst ist die Anzucht am Zimmerfenster richtig. Jungpflanzen brauchen immer mehr Wärme als später in der Kultur.

angebaut. Sinnvoll ist es hier auf jeden Fall, dem Boden viel Aufmerksamkeit zu schenken, indem man ihn austauscht oder zumindest »lebendig« hält. Neben gleichmäßiger Feuchtigkeit und einer Mulchschicht sollte man jährlich gut verrotteten Mist oder reifen Kompost (mindestens 1 Jahr gelagert), etwa 5 kg/m², vor der Pflanzung der Hauptkulturen (Tomaten, Gurken, Paprika u. a.) einbringen. Durch die Humusnachlieferung kann man dem Abbau der organischen Substanzen, der Verschlechterung der Bodenstruktur und der Verminderung des Bodenlebens entgegenwirken. Im Winter, aber auch durch die höheren Temperaturen im Haus,

Ist es für die Kultur auch noch zu kalt, so kann schon der Boden mit Mist oder Kompost verbessert werden.

Pflanzenbedarf

Wieviel und welche Pflanzen man im Gewächshaus anbaut, ist abhängig von den Vorlieben der »Mitesser« und der Anbaufläche. Für einen Haushalt mit 3–4 Personen, rechnet man 2 höchstens 3 Salatgurken-, 6 Paprika-, 10 Tomaten- und 2–4 Auberginenpflanzen. Besonders bei den Tomaten hängt der Bedarf natürlich auch von der Sorte ab. Sicherheitshalber kann man 2 ertragreiche »moderne Sorten«, meist als Veredelung, anbauen, dazu kommen alte, »schmackhafte« Sorten.

kommt es ohnehin zu einem schnelleren Humusabbau als im Freiland. Davor schützt das Mulchen, ob mit Stroh, Schafwolle, schwarzer, abbaubarer Folie, Rasenschnitt oder gut abgelagertem, strohreichem Mist. Alternativ kultiviert man in Kübeln, immer mit neuem Substrat. Im Beet bleibt, nach dem Vorbild der Natur, keine Fläche frei! Wenn man etwas erntet, wird sofort Neues gepflanzt. Dabei kann man Blumen (z. B. Tagetes) und Gemüse mischen. Mit dem Vorziehen bekommt man Nachschub, die Anbauplanung umfasst Pflanzen, die im Gewächshaus bleiben, und solche, die nur als

Jungpflanzen das Haus nutzen, um dann im Garten weiter zu wachsen. Nicht immer lohnt Anzucht, weil man z. B. nicht viele Pflanzen braucht. Zum Glück wird das Jungpflanzenangebot in den Gartencentern immer besser, Salatpflanzen gibt es schon ab Ende Februar!

AUSWAHL DER SORTEN FÜR GEWÄCHSHAUS – UND GARTEN

Wenn man aus der Vielfalt der Samen oder dem Jungpflanzenangebot wählen muss, können einige Tipps nützlich sein, denn es gibt viele Phantasiebezeichnungen in den Katalogen.

- Sicherheit bietet beispielsweise die Kennzeichnung »Hochzucht«, weil erst nach dreijährigem Versuchsanbau beim Bundessortenamt der Samen mit diesem Prädikat angeboten werden darf.
- »Geschützte Sorte« besagt, dass der Züchter sich gegen den Nachbau geschützt hat.
- »Originalsaat« garantiert den hohen Stand der Qualität.
- »F1-Hybriden« sind aus der Kreuzung zweier verschiedener Elternstämme entstanden. Die Stämme sind »reinerbig«. Die erste Generation, die aus der Kreuzung hervorgeht, sind die F1-Hybriden. Sie zeichnen sich durch Einheitlichkeit aus. Werden von diesen Hybriden wieder Samen gewonnen, ergibt sich ein Qualitätsabfall, denn um die Qualität zu erhalten, muss man die Elternstämme alljährlich neu kreuzen.
- Es müssen nicht immer Samen der bekannten Anbieter sein, auch die Keimschutzverpackung ist nicht zwingend. Wichtig sind Angaben über das Erntejahr und damit über die Keimfähigkeit. Das Erntejahr wird durch Großbuchstaben vermerkt, z. B. bedeutet »L« 2016/2017 und »O« 2017/2018.
- Die Keimfähigkeit ist unterschiedlich ausgeprägt: Weiche, fleischige Samen sollten gleich nach der Reife gesät werden, trockene Samen wie Bohnen oder Tomaten bleiben bis zu 10 Jahre keimfähig. Richtige Lagerung – dunkel, trocken, unter 4 °C – erhält die Keimfähigkeit. Angaben zur Aussaatzeit und Aussaatmenge sowie Tipps zur Kultur auf der Packung sind hilfreich und sollten beachtet werden, ebenso wie ein Vermerk zur Keimtemperatur und zum Lichtbedarf beim Keimen.

Das Samentütchen liefert wichtige Informationen zur Kultur, vor allem zur Aussaatzeit und -menge.

FEBRUAR

Noch ist es kalt. Für alle, die ihr Gewächshaus beheizen, ist es noch ein teurer Monat. Der Gemüsegärtner beendet die winterliche Ruhepause. Die Sonne hat bereits viel Kraft, sodass im unbeheizten Gewächshaus gegen Ende des Monats sogar die erste direkte Kultur beginnen kann. Schnee und Nachtfröste müssen dabei nicht stören. Frühe Gemüsearten sind nicht kälteempfindlich, Frostschäden sind in Wahrheit eher Trockenschäden; sie lassen sich durch ausreichende Bodenfeuchtigkeit vermeiden. Die Aussaat erfolgt entweder im beheizten Zimmer, möglichst mit Zusatzbeleuchtung, oder in einem beheizbaren kleinen Anzuchtkasten im Gewächshaus. Die Keimung dauert natürlich länger als später im Jahr. Nach dem Auspflanzen ist ab einer Außentemperatur von –5 °C Frostschutz notwendig. Ein Wintervlies (siehe Seite 88) ist vorteilhaft, es kann bei allen Kulturen unbedenklich 4 Wochen über den Pflanzen bleiben. Zeitweilig, wenn es noch kälter wird, kann man nachts ein weiteres Vlies darüberlegen. Dabei sollten Sie auf das Gewicht achten, ein paar Stäbe verhindern das Plattdrücken der Pflanzen. Wenn möglich, sollte man tagsüber das Vlies entfernen, Licht ist im Frühjahr für die Pflanzen wichtiger als Wärme. Und ganz wichtig: Den Boden, nicht die Pflanzen feucht halten!

Durch spezielle Pflanzenleuchten kann man die Aussaat im Zimmer schon früh beginnen, ohne dass die Jungpflanzen »vergeilen«. Ausreichend Licht ist im Zimmer bis zum Auspflanzen dringend erforderlich.

ANBAUEN UND ERNTEN

Tomaten

Wann ist der günstigste Zeitpunkt für die Aussaat der Tomaten? Lohnt sich die eigene Anzucht? Will man Sortenvielfalt, alte Sorten, die nicht im Vertrieb der Saatgutfirmen zu bekommen sind, oder benötigt man mehr als 20 Pflanzen, sollte man selber aussäen. Alternativ erwirbt man Jungpflanzen auf Pflanzenmärkten, -börsen und in Spezialgärtnereien erst kurz vor der Pflanzzeit gegen Ende April. Es ist nicht richtig, dass, wer früher aussät, früher ernten wird. Wichtiger ist, ob man die Pflanzen bis Mitte Mai optimal kultivieren kann. Natürlich, ein beheiztes Gewächshaus, ein Wintergarten wären ideal, doch wer hat das schon?

Mit ausreichend Licht kann man Mitte Februar mit der Anzucht beginnen, am besten unter speziellen Pflanzenleuchten (siehe Seite 28). Reicht das Licht nicht, sollte man bis Mitte März warten, die Sämlinge würden nur vergeilen und sind anfällig für Pilz- und Bakterienkrankheiten. Man kann auch in 2 Sätzen säen: zuerst die ohnehin frühen Sorten, später die anderen. Ausgesät wird in kleine Töpfe, Anzuchtstripes oder -schalen. (Aussaat siehe Seite 29).

So gehen Sie vor:

- Gebrauchte Töpfe und Schalen sollte man zuvor reinigen, wenn möglich mit heißem Wasser oder Essiglösung desinfizieren. Auch alle Stäbe und Schnüre vom Vorjahr sollte man so behandeln.
- Will man die Keimfähigkeit fördern, werden die Samen 6 Stunden in lauwarmem Kamillen- oder Schachtelhalmtee oder alternativ in 1:10 verdünntem, lauwarmem Knoblauchsaft gebadet. So kann man auch eine prophylaktische Wirkung gegen Pilze erreichen.
- Tomatensamen sind relativ groß, sodass man sie im Abstand von ca. 3 cm (Saatschale) oder einzeln in den Töpfen aussäen kann.
- Nach der Aussaat den Samen leicht andrücken und mit Substrat auffüllen, sodass die Samen ca. ½ cm bedeckt sind.
- Die Aussaatgefäße mit Folie bzw. einer Glasscheibe abdecken oder gleich in einem Minigewächshaus unterbringen. Zwischen Erde und Abdeckung sollte 2 cm Luftraum bleiben. Mit einem Handsprüher oder Brauseball immer leicht feucht halten. Zwischendrin immer mal wieder das Kondenswasser ablaufen lassen. Die günstigste Keimtemperatur liegt bei 18–24 °C.
- Nach 10–14 Tagen zeigen sich die Keimlinge, dann die Abdeckung abnehmen und die Gefäße an einen etwas kühleren Platz stellen. Anzuchtgefäße am Fenster (ohne Zusatzlicht!) ruhig hin und wieder drehen, damit die Jungpflanzen allseitig Licht erhalten.

Diese Tomatensämlinge sind sehr lang geworden, mit Zusatzlicht könnte man das vermeiden.

Gurken

Im Februar ist es für die Kultur der Gurken noch zu früh. Es bietet sich an, bei Bedarf den Boden im Haus zu erneuern. Bei Gurken sollte man berücksichtigen, dass die Wurzel im Verhältnis zur Gesamtpflanze eher schwach ist, die Wurzeln breiten sich flach im Oberboden aus. Darum muss der Boden im Gewächshaus optimal durchlüftet sowie humos sein und darf nie Staunässe begünstigen.

Der Aushub sollte ausreichend tief erfolgen (ca. 50–70 cm), da sonst das neue Substrat schnell wieder von bodenbürtigen Schaderregern besiedelt wird. Dies ist besonders bei mehrmaliger Nutzung des Bodens für Gurken wahrscheinlich.

Paprika und Chili

Beide benötigen bis zur Ernte mehr Entwicklungszeit als Tomaten. Je früher man aussät, umso besser. Trotzdem sollte man bei schlechtem Wetter und damit verbundenem Lichtmangel noch warten. Mit Zusatzlicht oder unter einer Wachstumslampe kann man schon Anfang Februar mit der Kultur beginnen. Immer nur beste

Nährstoffbedarf Gemüse

Gurken, Tomaten und Zucchini bezeichnet man als »starkzehrend«, da sie viele Nährstoffe brauchen. Im Gewächshaus müssen sie gerade anfangs noch stärker mit Nährstoffen versorgt werden als im Freiland, da sie drinnen schneller wachsen. »Mittel-« oder »schwachzehrende« Pflanzen benötigen weniger Nährstoffe, dazu zählen Kohlrabi, Schnittlauch, viele Salate. Noch weniger brauchen Bohnen oder Feldsalat. Nährstoffmangel zeigt sich durch geringes Wachstum sowie reduzierte Blüten- und/oder Fruchtbildung. Bei Nährstoffüberschuss wachsen Pflanzen sehr schnell, sind aber instabil und anfällig für Krankheiten und Schädlinge.

Paprika kann man bei guten Bedingungen ab Januar aussäen, doch auch in diesem Monat ist noch Zeit.

Auch Paprika zählen zu den Starkzehrern, wie alle Gemüse mit großen oder vielen Früchten.

Aussaaterde verwenden! Paprikasamen keimen oberirdisch und entwickeln 2 Keimblätter. Das Saatgut sollte trotzdem in Samenstärke mit Sand abgedeckt werden. Bei 22–28 °C liegt die optimale Keimtemperatur.

Sonstiges

Puffbohnen Mitte Februar werden die Pflanzen ins Freiland gesetzt, man wählt einen frostfreien, nicht zu sonnigen Tag. Puffbohnen brauchen ein feuchtes, kühles Klima, dazu einen mittelschweren, nährstoffreichen Boden ohne Staunässe! Der Reihenabstand sollte 50 cm, der Pflanzenabstand in der Reihe 40 cm betragen.

AUSSAATEN IM FEBRUAR

Für die direkte Aussaat ins unbeheizte Gewächshaus kommen Treibradies und frühe Rettiche in Frage. Unbedingt auf die jahreszeitlich angepassten Sorten achten, sie müssen wegen der im Gewächshaus häufig wechselnden Temperaturen eine gute Schossfestigkeit aufweisen.

Rettich zählt zu den frühen Aussaaten, man muss jedoch auf Treibsorten achten.

VORKULTUR IM ZIMMER ODER ANZUCHTKASTEN

Kohlrabi Schossfeste Sorten wählen, da Temperaturen von 0–5 °C schon zum »Schossen« (Blühen!) führen. Keimung bei 15 °–20 °C. Direktaussaat in Multiplatten oder Saatkisten, später unbedingt Pikieren.

Salatpflanzen kaufen oder selbst ziehen?

Will man Salat selbst anziehen, werden im Zimmer Sorten für den frühen Anbau in Schalen ausgesät. Das Saatgut nicht zu dicht ausbringen und bis 3 mm dick mit Erde/Sand übersieben. Die ideale Keimtemperatur liegt bei 10–16 °C, Temperaturen über 20 °C wirken sich negativ aus. Pikiert werden nur die stabilsten Pflanzen in Schalen oder Multitopfpaletten. Abhängig vom Klima folgt 3–5 Wochen später die Pflanzung. Salat nie tief setzen, sonst bilden sich nur Köpfe von schlechter Qualität. Den Abstand zwischen 18 × 18 und 30 × 30 cm je nach Sorte wählen. Salat nur zwischen den Reihen bewässern, nicht über die Blätter.

Radies Im Zimmer vorziehen, dort wachsen sie schnell und bilden Keimblätter. Noch vor dem ersten Laubblatt werden sie auf etwa 8 × 10 cm Abstand direkt ins Beet des Gewächshauses pikiert oder in Kisten oder Multiplatten gesetzt. Die Keimtemperatur liegt bei 6–20 °C.
Rettich Sie müssen nicht immer weiß sein, als »Bündelrettich« wird eine Spezialität aus Baden-Württemberg und Rheinland-Pfalz vertrieben, die häufig gebündelt zum Kauf angeboten wird. Der Anbau erfolgt wie bei Radies, jedoch wird später direkt in den Gewächshausboden (Standweite 12 cm, Reihe 20 cm) oder in Multiplatten für den Anbau im Frühbeet oder Freiland pikiert. Eine gute Sorte ist 'Ostergruß', daneben kommen nur frühe Sorten in Frage.

PFLEGE UND GÄRTNERWISSEN

Belichtung Pflanzen benötigen für die Photosynthese Wasser, Kohlendioxid sowie Nährstoffe und Licht als Wärme- und Energiequelle. Mit den Photorezeptoren (Chlorophyll, Carotinoide) sind sie in der Lage, Strahlungsenergie in Wachstum umzusetzen. Dabei nutzen die Pflanzen die sogenannte photosynthetisch aktive Strahlung (PAR). Spezielle Pflanzenleuchten nutzen vor allem den blauen und hellroten Bereich. Abhängig von der Pflanzenart hat jede Pflanze einen minimalen Lichtbedarf (Kompensationspunkt)

Radieschen lassen sich in Multitopfplatten nicht nur vorziehen, sondern sogar bis zur Ernte kultivieren.

Wann geht es los?

In Mitteleuropa wird die Marke von 5 °C als Schwellenwert von Vegetations- und Ruheperiode genannt. Viele Pflanzen stellen das Wachstum ein, wenn dieser Wert nicht erreicht wird. Je nach Region liegt der Zeitpunkt zwischen Mitte Februar und Ende März. Ungefähr 14 Tage, bevor dieser Wert im Freiland erreicht wird, kann man im unbeheizten Gewächshaus Pflanzen aussäen oder pflanzen. Das ist möglich, weil die Pflanzen gegen Wind geschützt sind, denn der entzieht dem Boden Feuchtigkeit und damit Wärme. Durch Vlies, das besonders zur Nacht direkt über die Pflanzen gelegt wird, ist ein zusätzlicher Schutz gewährleistet.

TIPP

AUF EINEN BLICK: WAS BRAUCHT MAN FÜR DIE AUSSAAT

- *Saubere Saatgefäße, möglichst flach; entweder kleine Einheiten oder größere Schalen mit Abdeckung. Für große Samen sind auch Töpfe sinnvoll.*
- *Als Abdeckung eignen sich Kunststoffhauben, Folie oder Glasplatten.*
- *Oft keimen die Sämlinge unterschiedlich schnell, man muss Geduld haben. Durch das Abstreuen mit Quarzsand verhindert man Umfallkrankheiten und Trauermückenbefall.*
- *Als Aussaaterde wählt man lockere, feinkrumige, nährstoffarme Erde, ohne mineralische Salze, gut durchlässig und mit guter Wasserspeicherfähigkeit. Wer lieber keine Fertigerde kauft, verwendet eine Mischung aus Kompost und Sand, Torf und Sand oder Kokosfaser und Sand. Der Zusatz von Perliten ist günstig. Um eigene Erde keimfrei zu machen, erhitzt man sie 30 Minuten bei 120 °C im Backofen oder behandelt sie bei 800 Watt für 10 Minuten in der Mikrowelle.*
- *Bei der Verwendung sollte die Erde feucht, nicht nass sein. Man prüft dies, indem man die Erde wie einen Schneeball zusammenpresst. Dieser muss sich noch formen lassen, dann aber sofort auseinanderfallen. Gleiches gilt auch für die Feuchtigkeit von Pikier- und Topfpflanzenerde.*
- *Nützlich sind außerdem Pikierstab, -gabel, Feinsieb und Andrückbretter bzw. Vordrückbretter, die die Löcher für die Pflanzen vorgeben. Wichtig: ein wasserfester Etikettenstift und Etiketten. Hinweise zur Aussaat wie Abstand oder Saattiefe sind in der Regel auf den Samentütchen vermerkt. Eine Handsämaschine erleichtert die Ablage der Samen.*

und einen Punkt der Lichtsättigung, dann ist keine Steigerung der Photosynthese mehr möglich. Im Winter oder im Zimmer sind die Lichtverhältnisse, z. B. für die Jungpflanzenanzucht, nicht optimal, hier kann eine Pflanzenleuchte finanziell erschwingliche Abhilfe schaffen. Auch bei vielen Orchideen und Bromelien kann die Zusatzbeleuchtung im Winter die notwendige Lichtmenge, die einem tropischen Tag (12 Stunden) entspricht, bringen. In der normalen Nutzung für Gemüse ist kein Zusatzlicht erforderlich. Bei der Auswahl sollte man unbedingt die Feuchtraumeignung beachten!

Praktisch ist eine Arbeitswanne, die man auf einem Tisch oder direkt im Gewächshaus unterbringt.

MÄRZ

Auf den 1. März fällt der meteorologische Frühlingsanfang, die Tagundnachtgleiche. Der astronomische Frühlingsbeginn liegt dann im letzten Drittel des Monats. Jetzt kann im Gewächshaus bedenkenlos auch ohne Vlies gepflanzt werden. In den Gartencentern werden Gemüsejungpflanzen angeboten. An warmen Tagen darf man die Lüftung des Gewächshauses nicht vergessen!

ANBAUEN UND ERNTEN

Tomaten – nach der Aussaat

Gekeimte Tomatensämlinge wachsen zügig weiter, die Abdeckung wird nach 1 Woche geöffnet bzw. ganz entfernt. Das Substrat darf nicht austrocknen. Sobald sich mindestens 1 weiteres Blattpaar oberhalb der Keimblätter entwickelt hat, kann pikiert werden, und zwar aus der Saatschale in eventuell selbst hergestellte Erd-, Jiffy- oder torffreie Töpfe. Auch eine neue Gemeinschaftsschale ist möglich. Mehrmaliges Pikieren bzw. Umtopfen bis zum endgültigen Auspflanzen verbessert das Wurzelwachstum. So geht's:

- Noch einmal wird Aussaaterde verwendet, die Töpfe nicht zu groß wählen. Schwache Sämlinge aussortieren, da sie auch später »nachhinken«, oft tragen sie keine oder nur wenige Früchte.
- Mit einem Pikierstab oder einer Gabel die Keimlinge aus dem Substrat heben, lange Wurzelstränge mit einer Schere auf 2 Zentimeter Länge kürzen.

Gemüsejungpflanzen in Gärtnereien und Gartencentern sind jetzt meist Profisorten für den frühen Anbau, sogenannte Treibsorten. Sie können ins Gewächshaus oder ins Freiland – mit Schutz – gepflanzt werden.

AUF EINEN BLICK: WELCHEN SINN HABEN VEREDELUNGEN

- *Spezielle Unterlagen schützen vor Welke- sowie Korkwurzelkrankheit und Nematoden. Dabei handelt es sich meist um Wildsorten, die das Wachstum gegenüber der Edelsorte verbessern. Die Kultur verläuft ansonsten gleich.*
- *Durch ihr kräftigeres Wurzelwerk versorgen die Unterlagen die Pflanzen besser mit Nährstoffen. So kann man veredelte Stabtomaten mit 2 Trieben heranziehen.*
- *Bei Tomaten, Auberginen und Paprika wird die »Kopfveredelung« durchgeführt. Unterlagen- und Edelsorte müssen dafür gleich dick sein. Eventuell muss man dazu Unterlagen- und Edelsorte zeitversetzt aussäen.*
- *Im Fachhandel gibt es Vermehrungssets. Sie enthalten das Saatgut der Veredlungsunterlage sowie Halterungen, um die Veredlungsstelle zu stabilisieren.*
- *In der Praxis wird von der Unterlagensorte unterhalb der Keimblätter, da in den Achseln der Keimblätter noch Knospen sitzen, der obere Teil mit einer Rasierklinge leicht schräg abgeschnitten.*
- *Bei der Edelsorte schneidet man oberhalb der Keimblätter, wo die Stärke der der Unterlagensorte entspricht. Die Schnittflächen sollen über die ganze Fläche Kontakt haben.*
- *Die Veredelungsstelle wird mit dem Silikonclip oder dem Keramikstab verbunden, die veredelte Pflanze mit einem Stab gestützt.*
- *Sie benötigt eine Umgebung mit hoher Luftfeuchtigkeit. Dies wird durch Folie, ein Einmachglas oder ein Vermehrungsbeet sichergestellt. Direkte Sonne vermeiden, schon nach etwa 1 Woche sind die 2 Teile zu einer (Tomaten-)Pflanze verwachsen.*

- Mit dem Pikierstab kleine Pflanzlöcher bohren. Jedes Tomatenpflänzchen bis zum ersten Blattansatz in die Erde setzen, Substrat andrücken und angießen.
- Bei vorheriger Aussaat in Einzeltöpfe, Multiplatten oder Stripes muss natürlich später – oder gar nicht – pikiert werden. Sollten die Sämlinge jedoch »vergeilen«, ist immer Pikieren bzw. Umtopfen angesagt. Die Pflanzen werden dabei tiefer gesetzt.
- Anschließend benötigen die Jungpflanzen einen hellen Standort, z. B. am Fenster. Töpfe öfter drehen, damit sie allseitig Licht erhalten.

An der Veredelungsstelle werden Unterlage und Edelsorte mit einem Silikonclip zusammengehalten.

Nicht pikierte Pflanzen können am Ende des Monats auch schon gedüngt werden. Dazu wählt man eine schwache Düngerlösung. (siehe Seite 46 und 56).

Gurken

Spätestens jetzt muss eine Sortenwahl fallen, die Sortenbeschreibung gibt Auskunft über die genauen Eigenschaften. Für das Gewächshaus kommen Treibgurken (Schlangengurken), Midi- oder Minigurken in Frage. Es sollten am besten bitterstofffreie, rein weiblich blühende, samenlose Sorten sein, die auch als »jungfernfrüchtig« oder »parthenocarp« bezeichnet werden. Dazu sollten sie resistent bzw. tolerant gegen Echten Mehltau sein. Die Blüten bilden ohne Bestäubung Früchte, und zwar sogar noch mehr als »normale« Gurkensorten. Jede Blüte setzt in der Folgezeit eine Frucht an.

Paprika

4–6 Wochen nach der Aussaat wird pikiert, als Substrat wird noch einmal Aussaat- oder Pikiererde verwendet. Tagsüber sollte der Standort 18, besser 24 °C warm sein, nachts kann die Temperatur um 5 °C absinken. Der richtige Zeitpunkt zum Pikieren ist die Entwicklung des 4. Blattes (Keimblätter eingeschlossen), siehe Seite 39. Paprika kann man beim Umpflanzen ruhig etwas tiefer setzen, das stabilisiert die Sämlinge, sie entwickeln zusätzliche Wurzeln am Spross.

Sonstiges

Kohlrabi Wenn man nicht selber aussät, ist es Zeit für den Zukauf und für die Pflanzung im Gewächshaus- oder Frühbeet. Beim Zukauf bekommt man häufig Pflanzen, die zu lange

Gurken

Wer nur wenige Pflanzen benötigt, sollte lieber Jungpflanzen erwerben, und zwar möglichst veredelte, die widerstandsfähig gegen verschiedene Bodenpilze sind. Sie tolerieren niedrigere Bodentemperaturen und setzen früher Blüten an.

Ob man selbst aussät oder veredelte Pflanzen erwirbt, die Sorte bestimmt Ertrag und Geschmack.

in der Schale gestanden haben und vergeilt sind. Trotzdem ist es besser, beim Pflanzen im Gewächshaus den Stängelansatz nur knapp mit Erde zu bedecken – auch wenn er am Anfang ein wenig wackelt. Zu tief gesetzte Kohlrabi bilden gar keine oder nur dünne, längliche Knollen aus. Der Abstand in der Reihe beträgt je nach Sorte etwa 25 Zentimeter.

Kresse Sie wird meist als Keimling genutzt, lässt man sie wachsen, entwickeln sich verzweigte Stängel mit gefiederten Blättern, etwa 30 cm hoch, und später kleine, weiße Blüten. Diese ausgewachsenen, aber noch jungen Pflanzen sind essbar, enthalten viel Vitamin C, Bitterstoffe und Senfölglykoside, die verantwortlich für die pfeffrige Schärfe sind. Man kann sie direkt ins Gewächshausbeet säen.

Kohlrabi nicht zu tief pflanzen, zu tief gesetzte Pflanzen bilden keine richtige Knolle.

AUSSAATEN IM MÄRZ

Radies Wie im Vormonat kann man weiter Radies direkt oder in Kisten im Gewächshaus anbauen. Bis in den Herbst hinein können auch die Blattradieschen 'Sango' interessant sein. Sie haben saftig-würzige Blätter, schmecken leicht scharf. Bei guten Bedingungen kann man nach wenigen Tagen ernten. Schon die Keimblätter sind nutzbar, diese werden wie Kresse verwendet. Nach 30 Tagen sind die Blätter ausgewachsen, diese dann mit der Schere abschneiden und dabei etwa 4 cm vom Herz stehen lassen, damit die Pflanzen wieder gut durchtreiben.

Mangold Als Gemüse (Stiel- oder Blattmangold) wird er immer beliebter, die Aussaat erfolgt bei 15–20 °C. Die Saat abdecken, später in Multitopfplatten pikieren. Kälte oder Wachs tumsstörungen der Jungpflanzen können Schossen auslösen. Blattmangold nicht zu tief schneiden, dann sind mehrere Ernten möglich. Stielmangold von Hand pflücken, die Herzblätter stehen lassen.

Rettich Er wird noch einmal als Vorkultur gezogen, dazu im Zimmer bei etwa 10–25 °C aussäen und nach 3 Wochen in den Garten pflanzen. Mit einem Pikierholz Löcher vorbohren und die »Pfahlwurzel« vorsichtig einbringen. Zu diesem frühen Zeitpunkt Treibsorten verwenden.

Kohlrabi Pflanzen für den Bedarf im Garten werden jetzt ausgesät.

Kohl Nun wird es Zeit für diverse Kohlgemüse, egal ob Rot-, Weiß-, Spitz-, Blumen- oder Filderkohl. Nur wenn viele Pflanzen benötigt werden oder wenn man alte, regionale Sorten anbauen will, lohnt die eigene Aussaat. Diese erfolgt bei 15–20 °C. Der Samen wird ca. 1 cm mit Erde abgedeckt. Pikieren in Multitopfplatten oder

Einzeltöpfe (Durchmesser 6–8 cm). Etwas Besonderes ist Rosenkohl 'Flower Sprout Autumn Star', eine Kreuzung aus Grün- und Rosenkohl. Im Wuchs kommt er eher nach dem Rosenkohl, die Röschen schmecken aber besser, eher nussig süß. Man kann auch die Blätter wie Grünkohl ernten.

Rote Bete Will man früh im Jahr ernten und die Knollen frisch verwenden, sollte man Rote Bete vorziehen und dafür jetzt in Töpfe, Kisten oder Multiplatten aussäen. Mitte April kommen die Jungpflanzen direkt ins Freiland. Der Abstand ist von der Sorte abhängig. Die Saat zuerst mit Vlies schützen, da Frost zu dieser Jahreszeit noch häufig ist. Aussaat bei 15–20 °C, ca. 2 cm mit Substrat abdecken.

Okra (Gemüseeibisch) Aussaat und Pflanzung wie Paprika oder Auberginen (siehe Seite 14 und 26), geerntet werden die Schoten, die beim Kochen eine schleimige Substanz abgeben. Pikiert wird in Einzeltöpfe oder Multiplatten. Kultur auch später im Gewächshaus, weil die Pflanzen wärmebedürftig sind.

Kapuzinerkresse und Tagetes Neben den Gemüsesorten ist es auch Zeit für essbare Zierpflanzen wie Kapuzinerkresse und Tagetes. Besonders gut eignen sich kleinblütige Sorten wie 'Orange Gem'. Die Aussaat orientiert sich an der Beschreibung auf der Saattüte. Am besten gleich in Multitopfplatten säen, später bei Tagetes je 2 oder 3 Jungpflanzen in einen 9er-Topf pflanzen.

Chinesische Gemüsemalve *(Malva verticillata)* Etwas für experimentierfreudige Gemüsegärtner! In Asien ist die Malve als Blattgemüse beliebt, bei uns weitgehend unbekannt. Im Garten entwickelt sie sich, wenn sie nicht permanent geerntet und zurückgeschnitten wird, innerhalb einer Saison zu einer großen und ausladenden Pflanze mit vielen Seitentrieben, sie

Manchmal überraschen die Sämlinge durch eine interessante Blattfärbung, denn nicht alle Sorten sind einfach nur grün. Allerdings verfärben sich die meisten, wie diese Okra-Sämlinge, später wieder.

kann dann bis zu 1,80 m hoch werden. Blätter und junge Triebe inkl. den Blütenknospen können über viele Wochen hinweg gepflückt werden. Verzehrt werden sie frisch oder gedünstet, hauptsächlich als Spinatgemüse und als Beimischung in Salaten. Aussaat bei 15– 20 °C.

Hirschhorn-Wegerich *(Plantago coronopus)*, auch Krähenfuß-Wegerich, kommt an den Küsten Europas vor. Die geschlitzten Blätter erinnern an Vogelfüße oder Hirschgeweihe. Verwendung wie Rukola – in Mischsalaten, zu Pasta, in Suppen und Omeletts. Junge Blätter kann man frisch verwenden, ältere Blätter besser gedünstet. Lässt sich mehrjährig kultivieren, wenn man nur die äußeren Blätter erntet. Die Samen keimen langsam, Aussaat bei 15 °C–20 °C. Später in Multitopfplatten pikieren.

Neuseeländer Spinat *(Tetragonia tetragonioides)* Aussaat nicht vor Ende des Monats, er hat eine lange, unregelmäßige Keimzeit. Botanisch hat er mit Spinat nichts zu tun, lediglich der Geschmack ist ähnlich, aber würziger. Die recht großen Samen vorquellen lassen und in Multiplatten, einzeln oder 2 bis 3 Körner in 8er-Töpfe säen. Jungpflanzen über den 15. Mai hinaus im Gewächshaus belassen. Im Garten braucht er viel Platz – eine ausgewachsene Pflanze benötigt etwa 1 m² – und einen guten Boden. Geerntet werden immer die Spitzentriebe, die sich dann schnell wieder verzweigen. Keimtemperatur um 18 °C.

Mairübe Keimdauer 8–14 Tage bei 15 °C, pikieren in Multitopfplatten, später auspflanzen auf 20 × 5 cm. Die Rüben sind anspruchslos, sie enthalten Vitamin A, C, K und Folsäure sowie ätherische Öle, die den Geschmack prägen. Zu den Formen der Speiserübe zählen Teltower Rübchen, Gatower Kugeln, Bayerische Rübe und andere Mairüben. Trockenheit steigert die Schossgefahr, also gut wässern!

Beim Neuseelander Spinat werden immer die frischen Triebe, die laufend nachwachsen, geerntet. Ausgewachsene Pflanzen benötigen viel Platz, die Aussaat ist langwierig, lohnt sich aber in jedem Fall.

Auberginen Die immer beliebteren Eierfrüchte kann man jetzt im Gewächshaus aussäen. Auberginensamen sind wärmebedürftig! Günstig ist die Kultur unter einer Haube, eine Bodenheizung zur Keimung und ausreichende Luftfeuchtigkeit. Direkt in Torf- oder Kokosquelltöpfe, keimfreie Multitopfplatten oder Töpfe (6 cm) säen. Unbedingt keimfreie Erde verwenden, weil Auberginen sehr anfällig für Pilzkrankheiten sind. Aussaat bei 20–25 °C, wenig abdecken. Auberginen werden meist einjährig kultiviert. Da sie verholzen, kann man sie auch als Kübelpflanze überwintern. Es werden im Handel auch veredelte Auberginen angeboten, sie tragen mehr Früchte. Im Gewächshaus oder in Kübeln muss die Pflanze an Stäben, Schnüren oder Rankgittern aufgeleitet werden. Meist wird dreitriebig gezogen.

Auberginen

Als Selbstbefruchter, die je Blütenstand 1–2 Früchte bilden, muss man Auberginenblüten im Gewächshaus wie die Tomaten nach der Blütenbildung um die Mittagszeit vorsichtig schütteln, damit die Bestäubung gesichert wird. Notfalls kann man mit einem Pinsel nachhelfen.

TIPP

Die Vielfalt der Sorten bei Auberginen ist enorm, neben der typischen lila Färbung sind rosafarbene, weiße und mehrfarbige Sorten möglich. Wichtiger als die Farbe ist allerdings der Geschmack!

Physalis Die Andenbeere (*Physalis peruviana*) ist in Südamerika beheimatet. Jetzt heißt es in kleine Schalen aussäen, und zwar immer 10 % Samen mehr als später Pflanzen benötigt werden. Saatgut leicht mit Erde abdecken. Die Temperaturen zum Keimen sollten bei 18 °C–22 °C, während der gesamten Kulturzeit bei einem Minimum von 16 °C liegen. Zeigen sich 3 Blätter, wird in Töpfe pikiert und – falls erforderlich – bis Ende Mai nochmals umgetopft, dabei nicht zu große Töpfe wählen. Das Nährstoffbedürfnis von Andenbeeren ist eher gering. Staunässe unbedingt vermeiden.

Kopf-, Blatt-, Romana- und Asiasalate Vom Salat *(Lactuca sativa)* gibt es viele Sorten, die Blätter sind glatt oder kraus, grün, rot-braun oder mehrfarbig. Man unterscheidet Kopf- oder Pflücksalat, die Übergänge sind fließend.

Der erste Salat im Haus kann durch eine BETA SOLAR Heizung zusätzlich mit Wärme versorgt werden.

- Bei den Kopfsalaten sind beliebte Sorten ‘Maikönig’, ‘Brauner Trotzkopf’ und ‘Attraktion’. Jetzt nur Treib- oder Frühsalate aussäen, später schossfeste Sommersalate.
- Zu den Pflück- oder Schnittsalaten gehören ‘Lollo Rosso’, ‘Red Salad Bowl’ und ‘Lollo Bionda’. Anfang des Monats noch im Zimmer vorziehen, ab Monatsmitte je nach Klima auch im Gewächshaus. Salat keimt zuverlässig, also nur bedarfsgerecht aussäen, dafür aber eine Vielzahl von Sorten. Nach der Keimung hell und nicht zu warm halten. Wenn sich die Blätter berühren, wird pikiert. Nur kräftige Pflanzen in Multitopfplatten oder Töpfe setzen, und zwar nicht zu tief. Lange Wurzeln einkürzen, die Salate sollen nicht wackeln, man darf sie aber auch nicht »einbuddeln«. Sämlinge, die man nicht pflanzen kann, als »Baby Leaf Salat« direkt aus der Multitopfplatte verwerten.
- Als »Oriental Greens« oder »Japanese Greens« werden Pflanzen aus dem ostasiatischen Raum bezeichnet, zusammengefasst als Asiasalate bekannt. Sie wurden überwiegend in Japan züchterisch bearbeitet. Dabei handelt es sich größtenteils um schnell wachsende Kohlarten, ähnlich dem Stielmus bei uns. Bei der Aussaat gibt es kaum Unterschiede.
- Eine Spezialität ist die Salatchrysantheme *(Chrysanthemum coronarium)*, die als würzig-aromatisches Blattgemüse verwendet wird. Die essbaren, gelblich-weißen Blüten sind zusätzlich eine hübsche Zierde. Salatchrysanthemen wachsen schnell und können jetzt vorgezogen und im Gewächshaus kultiviert werden, später bis zum August auch satzweise im Freiland.

TREIBEREI

Das Gewächshaus kann man auch zum Treiben nutzen, zu diesem Zweck lassen sich Schnittlauch, Winterheckenzwiebeln, Petersilie und andere Kräuter, Steckzwiebeln, Löwenzahn, Rhabarber und frühe Erdbeersorten ins Gewächshaus holen. Dazu werden bei offenem Boden die Pflanzen mit Ballen oder Topf aus dem Garten genommen und Anfang des Monats ins Gewächshaus umgesiedelt. Entweder ins Beet, besser in Töpfe pflanzen. Mitte Mai, Anfang Juni kann dann geerntet werden.

Sommerblumen In den Gartencentern, aber auch im Supermarkt, werden häufig schon im März Jungpflanzen preiswert angeboten. Wird das Gewächshaus frostfrei gehalten, kann man diese dort weiterhin kultivieren. Später werden die Pflanzen dann getopft und für Schalen und Balkonkästen verwendet.

Knollenbegonien, Dahlien und Canna kann man ebenfalls bei Wärme vortreiben. Wenn keine Zusatzbelichtung verfügbar ist, nicht zu früh anfangen. Solche Pflanzen entwickeln sich bei zu wenig Licht und zu hohen Temperaturen negativ, sie könnten vergeilen.

Schnittlauch aus dem Garten zum Treiben ins Gewächshaus bringen. So kann man früher ernten.

AUF EINEN BLICK: LUFTFEUCHTIGKEIT

Sauerstoff, Stickstoff, Kohlendioxyd und Wasserdampf sind für Pflanzen aber überlebenswichtig. Besonders bei der Luftfeuchtigkeit muss das richtige Maß zur richtigen Zeit vorliegen.

- *Die Luftfeuchtigkeit bemerkt man in Form von Guttationstropfen im Gewächshaus. Jetzt ist eine hohe Luftfeuchtigkeit nicht günstig, erst später im Jahr wird sie wichtig.*
- *Ausnahme sind tropische Pflanzen, die ganzjährig hohe Luftfeuchtigkeit benötigen.*
- *Bei kalter Temperatur im Haus ist die Kondensation normal und unvermeidlich. Bilden sich aber überall Tröpfchen an der Oberfläche, muss man handeln: Weniger Gießen, an frostfreien Tagen lüften und eventuell die Temperatur durch Heizen erhöhen.*
- *Bei Foliengewächshäusern kann die Kondensation an der Folie die Lichtdurchlässigkeit beeinträchtigen.*

PFLEGE UND GÄRTNERWISSEN

Mulchschicht entfernen Falls der Boden im bisher noch nicht genutzten Gewächshaus noch gemulcht ist, jetzt die Mulchschicht für einige Zeit entfernen, dann den Boden anfeuchten,

AUF EINEN BLICK: PIKIEREN

Bei den meisten Pflanzen wirkt das Pikieren wachstumsfördernd, zeitgleich wählt man dabei die kräftigsten Exemplare aus. Besonders wenn Keimlinge lange, dünne Stängel ausbilden (»vergeilen«), ist das Pikieren angesagt.

- *Der richtige Zeitpunkt hierfür ist das Erscheinen des 4. Blattes, Keimblätter eingeschlossen.*
- *Schalen oder Töpfe mit Erde füllen, diese anfeuchten und – besonders am Rand – andrücken.*
- *Die zarten Pflänzchen vorsichtig an einem Blatt anfassen, mit dem dünnen Ende des Pikierstabes die Erde auflockern, danach die Pflanze samt Wurzel herausziehen.*
- *In die Erde des neuen Gefäßes wird ein je nach Größe der Keimlinge größeres oder kleineres Loch mit der spitzen oder dickeren Seite des Pikierstabes gestoßen. Da hinein senkt man die Wurzel (wenn nötig einkürzen!) und einen Teil des Stängels der jungen Pflanze. Das »Tiefersetzen« der Sämlinge stabilisiert die Pflanzen, bei einigen, wie Tomaten-, Paprika- und Kohl, entwickeln sich zusätzliche Wurzeln am Stängel (Adventivwurzeln). Diese verbessern die Nährstoffaufnahme und damit das Wachstum.*
- *Dann drückt man die Erde vorsichtig mit dem Pikierstab an. Angießen nicht vergessen!*
- *Muss man bei Wärme pikieren oder braucht man einfach mehr Zeit, um die zu pikierenden Pflanzen zu sortieren, dürfen sie nicht trocken werden. Dabei kann ein nicht glasierter Dachziegel, am besten ein sogenannter Biberschwanz, helfen. Dieser wird ausgiebig in Wasser getaucht. Auf der nassen Oberfläche bleiben die Pflanzen lange vor dem Austrocknen geschützt.*

wenn nötig auch verbessern. So kann er schneller erwärmen. Nach dem Pflanzen der Frühkulturen wird wieder gemulcht.

Wasser sammeln ist wichtig, damit sollte man jetzt anfangen. Sammelbehälter für Wasser aber immer abdecken, damit keine Vögel und andere Tiere hineinfallen. Den Behälter öfter reinigen, Kunststofftonnen über Winter entleeren, sicher und dunkel verwahren. Tonnen ohne Wasser sind leicht, der Sturm kann sie forttragen. Es gibt auch frostsichere Sammelbehälter.

Sämlinge werden auf einem feuchten Dachziegel sortiert, so können sie nicht trocken werden.

APRIL

Ein Monat im Zeichen des Wachstums, nicht nur im Garten, auch im Gewächshaus. Krankheiten machen – noch – wenige Probleme. Vlies, das im unbeheizten Haus nachts vor Frost schützt, kann in der 2. Aprilwoche entfernt werden. Tagsüber mit Vlies bedeckt werden noch immer frisch pikierte oder umgetopfte Pflanzen, nur um deren Verdunstung zu begrenzen.

ANBAUEN UND ERNTEN

Tomaten

Reicht das Licht am Fenster in der Wohnung noch aus? Jetzt entscheidet sich, ob sich später stabile Pflanzen entwickeln. Je nach Fortschritt der Entwicklung muss eventuell schon gedüngt werden. Besonders solche Pflanzen, die später im Kübel kultiviert werden, müssen umgetopft werden. Dabei die Töpfe nicht zu groß wählen. Trocknet die Erde nie ab, kann es schon jetzt zu den ersten Problemen mit Pilzen und Bakterien kommen. An warmen Tagen kann man die Töpfe tagsüber ins Gewächshaus räumen, nachts müssen sie zurück, da weiterhin 14 °C notwendig sind. Der Boden im Gewächshaus kann für Tomaten vorbereitet werden, wenn nicht Vorkulturen dort wachsen. Gleiches gilt für die Erde für Kübel. (siehe Anbauplanung Seite 22).

Der Boden sollte humos und gut nährstoffversorgt sein. Reifer Kompost mit einem Zusatz

Im März wird es meist eng im Gewächshaus: Viele der Jungpflanzen müssen noch geschützt kultiviert werden, ehe sie, wie auch die Sommerblumen, ab Mitte Mai ins Freiland wechseln.

von Lehm, für Kübel auch mit Blähton oder Lava, ist angemessen. Dazu sollte das Substrat kalkreich sein, gut ist auch ein pH-Wert um 6, was bei reifem Kompost normalerweise sicher gegeben ist.
Gab es bereits früher im Gewächshaus Pflanzenschutzprobleme, sollte man die Tomaten unbedingt im Kübel kultivieren.
Wer Tomatenpflanzen kauft, muss auf deren Qualität achten. Lose Wurzelballen, fleckige, schlaffe Blätter oder kümmerlicher Wuchs sind Zeichen schlechter Qualität. Zugekaufte Pflanzen müssen bis Ende April optimal untergebracht werden! Sonst sollte man sich mit dem Kauf noch Zeit lassen!

Gurken

Jetzt ist Aussaatzeit für Gurken. Die Keimdauer ist von der Substrattemperatur abhängig, 18–25 °C sind richtig! Man kann die relativ großen Samen direkt in Plastiktöpfe (7–8 cm groß) legen, geeignet sind auch Multiplatten, Torf- oder Kokostöpfe. Nur beste Aussaaterde verwenden. Die Saat mit Erde abdecken. Bis zum Auspflanzen brauchen Gurken ca. 6 Wochen. Bis dahin müssen sie ein- oder mehrfach umgetopft werden. Für die Jungpflanzen ist die optimale Wasserkapazität des Substrates Voraussetzung für zügiges Wachstum. Sie dürfen nie trocken werden, es darf sogar schon, in geringer Dosierung, flüssig gedüngt werden.

Paprika

Pikierte Sämlinge können nach 3 Wochen erstmals gedüngt werden, geeignet ist ein flüssiger Volldünger, schwach dosiert. Bei guter Entwicklung wird getopft (Topfgröße 8–10 cm), und zwar wenn sich 6–8 Blätter entwickelt haben.

Starthilfe

Um die Keimfähigkeit der Samen und den Schutz vor Krankheiten zu verbessern, kann man Samen gegen Umfallkrankheiten, Bakterien und Pilze einen halben Tag in Magermilch »baden«.
Auch das Einweichen in 50 °C heißem Wasser für ca. 30 Minuten hilft.
Danach sofort aussäen, weil der Keimvorgang in Gang gesetzt wurde.

Bis zum Auspflanzen im Gewächshaus hell und warm weiterkultivieren. Wenn man die Möglichkeit hat, sollte man die Jungpflanzen schon tagsüber an das Gewächshaus gewöhnen, abhärten nennt das der Gärtner. Für Gewächshäuser, die man notfalls beheizen kann, ist Pflanzzeit schon Ende des Monats

AUSSAATEN IM APRIL

Kräuter Majoran, Basilikum, Thymian und Zitronenmelisse benötigen eine Aussaattemperatur über 20 °C, Basilikum sogar noch wärmer.

Portulak Bei dem alten Wildgemüse *(Portulaca sativa)* werden die jungen Triebe geerntet. Die Blätter und Stängel sind fleischig-sukkulent, in der Sonne oft rötlich überlaufen. Ausgesät wird in flache Schalen, man kann 6 Wochen später fortlaufend den ganzen Sommer hindurch ernten. Wichtige Voraussetzungen für gutes Wachstum sind Licht, ein hoher Nährstoffgehalt des Bodens und regelmäßiges Gießen. Einmal pikieren in Multitopfplatten, im Mai auspflanzen. Portulak schmeckt leicht salzig und gleichzeitig etwas säuerlich. Ältere Triebe können bitter werden.

Zucchini und Kürbis Diese beiden werden wie Gurken ausgesät, Ihre Entwicklung verläuft ähnlich. Da sie viel Wärme benötigen, werden auch sie im Zimmer vorgezogen. Erst Ende April

Die Vielfalt des Basilikums ist enorm, neben dem bekannten Genoveser Basilikum, das in der Sorte 'Dark Opal' auch mit rötlichem Blatt angeboten wird, gibt es Strauchbasilikum, kleinblättrige Sorten wie 'Piccolino', Thaibasilikum und viele mehr. Alle lassen sich über Saat vermehren. Nach dem Auflaufen werden meist mehrere Pflanzen in einen Topf pikiert. Mit wenig Dünger lassen sie sich über die gesamte Saison laufend ernten. Basilikum kann man auch zu den Tomaten oder Gurken pflanzen.

Portulak kann man in Schalen aussäen und fortlaufend beernten, der Geschmack ist leicht salzig-säuerlich.

Als Thai-Basilikum oder thailändisches Basilikum werden 3 verschiedene Arten angeboten.

werden sie ins Gewächshaus gestellt und beim Umzug ins Haus schon in 15–20 cm große Töpfe gepflanzt. Da sie reichlich Nährstoffe benötigen, sollte man schon jetzt flüssig düngen. Die Dosierung wird zunächst gegenüber der Angabe der Hersteller um die Hälfe reduziert.

Bohnen Stangenbohnen lassen sich, wenn genügend Platz verfügbar ist, sehr gut im Gewächshaus kultivieren. Besonders die zarten Bohnen der frühen Ernte sind lecker. Vorkultur lohnt sich für alle Bohnen, auch Buschbohnen. Zum Vorkeimen Saatgut in Töpfe legen wie bei den Puffbohnen (siehe Seite 19) beschrieben. Als Einzelkorn kann man sogenannte Einbohnen in kleine Töpfe (7 cm groß) legen. Das sind alte, ertragreiche Varianten der Buschbohnen. Als Bohnentyp sind sie eher wenig bekannt. Wahrscheinlich wurden sie immer als Familien- oder Dorfsorten von Hand zu Hand weitergegeben. Erhältlich sind sie auf Tauschbörsen.

AUSPFLANZEN DER VORKULTUREN

Je nach Entwicklung werden die ersten im Gewächshaus gezogenen Vorkulturen ins Freiland bzw. in Frühbeetkästen oder Folientunnel ausgepflanzt. Man kann sie durch die Vorkultur punktgenau positionieren. Dazu die Pflanzen schon zuvor abhärten. Wenn möglich, lüftet man tagsüber viel oder stellt die Jungpflanzen in Kisten und bringt sie tagsüber vorübergehend ins Freiland. Natürlich wird nur an einem nicht zu kalten, zu windigen und zu sonnigen Tag gepflanzt. Im Freiland unbedingt zuerst durch Vlies schützen. Gepflanzt werden Rettiche, Rote Bete, Kohlrabi, Kohl und Salat.

Große Salat-Auswahl

Je mehr Sorten man aussät, umso vielfältiger ist der Genuss. Durch die Vorkultur kann man den Bedarf optimal anpassen. Bei der Aussaat wird die Saatschale mit dünnen Stäben unterteilt, sodass die verschiedenen Sorten zusammen ausgesät werden. Erst beim Pikieren wird die endgültige Zahl bestimmt.

Wenn man beim Pflanzen zuerst sehr eng setzt und später jede 2. Pflanze halbfertig erntet, entwickeln sich die restlichen ohne Einbuße und man kann schon früh genießen. Durch unterschiedliche Kulturräume – Gewächshaus, Frühbeet, Vlies, Freiland – gibt es dann eine weitere zeitliche Strukturierung in der Ernte.

TIPP

Kopfsalat im Gewächshaus ruhig enger pflanzen als im Freiland, als Zwischenkultur hier Schnittlauch.

PFLEGE UND GÄRTNERWISSEN

Abhärten Vorgezogene Pflanzen müssen auf den Umzug ins »Freiland« allmählich vorbereitet werden. Der Gärtner nennt diesen Vorgang »Abhärten«. Dazu kann man die Jungpflanzen – zuerst nur tagsüber – an einen frostfreien, halbschattigen und auch windgeschützten Ort ins Freie bringen. In den Nächten werden sie wieder ins schützende Gewächshaus hereingeholt.
Die durch optimale Bedingungen »verwöhnten« Pflanzen werden durch dieses Vorgehen an das Licht, die niedrigeren Temperaturen, den rascheren Temperaturwechsel und an den Wind draußen gewöhnt. Das sollte langsam geschehen, damit sie ihren Stoffwechsel aktivieren und die Außenhaut verstärken.

Bodentemperatur An sonnigen Tagen kann man, um die Bodentemperatur im Kleingewächshaus zu erhöhen, die Lufttemperatur ohne Bedenken auch einmal auf bis zu 30 °C ansteigen lassen, denn die Bodentemperatur ist in allen Entwicklungsphasen der Pflanzen ein ausschlaggebender Faktor – weit wichtiger auf jeden Fall als die Lufttemperatur.
Wenn einmal gelüftet werden muss, dann sollte dies möglichst gegen die Windrichtung erfolgen, damit die meist ja noch kalte Luft nicht unvermittelt auf Pflanzen im Inneren trifft.

Schädlinge Schnecken treiben im Gewächshaus früher als im Freiland ihr Unwesen. Mit einigen Tricks kann man sie dezimieren (siehe Tipp auf der nächsten Seite). Auch Läuse können bereits jetzt aktiv werden, meist treten sie

Tagsüber dürfen die Pflanzen bei Temperaturen ab 17 °C ins Freie, abends geht's wieder zurück.

Zur Kontrolle der Bodentemperatur ist ein digitales Thermometer sinnvoll.

erst an den Blattunterseiten der Pflanzen, anschließend an den Triebspitzen und zum Schluss an den Blüten in Erscheinung. Erste Hinweise auf Ameisen im Gewächshaus geben weiße oder braune Krümel, manchmal auch Häutungsreste, die sich im Umfeld und auf der Pflanze selbst befinden.

Erdbeeren bestäuben Für die im Gewächshaus zum »Naschen« vorgetriebenen Erdbeeren sollte man frühe oder mehrfach tragende Sorten auswählen.

Je nach Treibzeitpunkt setzen die Pflanzen jetzt Blüten an. Wenn noch keine Insekten über Tür und Fenster Zutritt zum Haus haben, muss man von Hand bestäuben. Dazu eignet sich ein Tuschpinsel. Es hilft auch, um die Mittagszeit die Tür für einige Stunden zu öffnen.

AUF EINEN BLICK: SCHNECKEN

- *Wenn im Vorjahr die Schneckeneier nicht vollständig beseitigt wurden, sind die Jungtiere früh im Jahr im Gewächshaus aktiv und stürzen sich auf die Jungpflanzen.*
- *Zur Reduzierung der Schnecken ist es hilfreich, mit der Taschenlampe im Dunkeln zu kontrollieren und die Tiere abzusammeln.*
- *Feuchte Bretter, unter denen die Schnecken gern den Tag verbringen, können als »Köder« dienen. Von der Unterseite kann man die lästigen Tiere anschließend absammeln und entsorgen.*

Nacktschnecken können dem Salat zusetzen, am besten sammelt man sie in der Nacht ab.

Für die vorgetriebenen Erdbeeren finden sich noch keine Bestäuber, ein Tuschpinsel ersetzt sie.

MAI

Im Mai wird Platz frei im Gewächshaus, viele Pflanzen können jetzt hinaus in den Garten und in die Beete wechseln.

Auch wenn wegen einer Schlechtwetterphase Gedränge im Innern herrscht, so gilt: Frostgefährdete Pflanzen darf man erst nach den Eisheiligen in den Garten setzen. Die Eisheiligen treten regional unterschiedlich auf: in Norddeutschland vom 11.– 13. Mai (Mamertus, Pankratius und Servatius), im Süden und Südosten Deutschlands auch noch am 14. (Bonifatius) und 15. Mai (»Kalte Sophie« nennt man diesen letzten Tag). Bis zu diesen Terminen treffen häufig noch kalte Luftmassen aus den Polargebieten auf das Festland.

ANBAUEN UND ERNTEN

Tomaten

Egal ob Ende April oder Anfang Mai: Im Gewächshaus muss fürs Pflanzen erst die nötige Bodentemperatur erreicht sein. Langfristig soll sie 16 °C nicht unterschreiten, optimal sind 18 °C. Zum Pflanzen bringt man je nach Bodenqualität eine Feststoffdüngung als Grunddüngung aus, sie kann organisch, mineralisch oder gemischt sein. Mit der Grunddüngung werden Stickstoff, Phosphor, Kali und Magnesium gegeben.

Die Pflanzen – auch die für das Gewächshaus! – sollten zuvor abgehärtet sein. Nicht an einem

Gegen Ende des Monats werden die meisten Pflanzen ihren Standort im Garten gefunden haben. Im Gewächshaus bleiben jetzt Tomaten, Gurken und andere Wärmeliebhaber, doch auch für Nachzuchten sollte noch Platz sein.

sonnigen Tag oder in der Mittagshitze pflanzen. Die Pflanzen ruhig 5–6 cm tiefer einsetzen, als sie vorher im Topf gestanden haben. So bilden sich zusätzliche Wurzeln, die der Pflanze Stabilität und eine bessere Nährstoffversorgung bringen. Eine andere Methode besteht darin, Tomaten zusätzlich »schräg« einzusetzen. Auch so können sich mehr Wurzeln bilden, die Pflanzen richten sich schnell wieder auf. Zwischen den Pflanzen sollte der Abstand je nach Sorte mindestens 50 cm betragen.

Die Tomatenerde sollte humushaltig sein, geeignet sind alle Substrate, die stauende Nässe vermeiden. Tomaten wurzeln, wenn möglich, sehr tief, allerdings verbleiben 70 % der Wurzeln im Bereich bis 40 cm. Beim Pflanzvorgang werden alle Blätter, die Kontakt mit dem Boden haben,

Topftomaten

Für Tomaten im Kübel gilt ein Mindestvolumen von 30 Litern. Bei der Topfwahl sollte man berücksichtigen, dass sich schwarze Töpfe schneller erwärmen. Beim Anbau im Gefäß ist die Wasser- und Nährstoffversorgung besonders wichtig. Stark schwankende Feuchtigkeit führt zu platzenden Früchten bzw. fördert Blütenendfäule(siehe Seite 57 und 73). Hier kann eine automatische Wasserversorgung Abhilfe bringen.

TIPP

Werden alle Pflanzen im Topf/Kübel kultiviert, muss man auf ein ausreichendes Erdvolumen achten. So sind für Tomaten mindestens 30 Liter richtig. Düngung kann Erde nicht ersetzen!

AUF EINEN BLICK: TOMATEN BEWÄSSERN

- *Gegossen wird am späten Vormittag, bevor die Blätter aufgeheizt sind.*
- *Optimal ist eine Tropfenbewässerung, die individuell an das Bedürfnis der Pflanze angepasst ist.*
- *Alternativ versenken Sie gleich beim Pflanzen der Tomaten 1–2 leere, möglichst tiefe und mit Löchern versehene Pflanztöpfe in der Erde, 15–20 cm vom Stamm entfernt. Nun kann man beim Gießen die Töpfe befüllen, das Wasser gelangt auf diese Weise direkt an die Wurzel. Auch Dünger wird so zugeführt.*
- *Man kann im Handel Tomaten-Bewässerungsringe aus Kunststoff kaufen, die nach diesem Gießgruben-Prinzip funktionieren.*
- *Tradition hat auch die Methode, Gießmulden oder -furchen 15–20 cm vom Stamm entfernt etwa 8–12 cm tief anzulegen, die die Tomaten mit Feuchtigkeit versorgen.*
- *Der typische Tomatengeschmack soll sich noch intensiver entfalten, wenn man alle 14 Tage mit einer Knoblauchbrühe wässert. Dazu 2–3 Knoblauchzehen etwas andrücken, für 12 Stunden in 10 Litern Wasser ziehen lassen.*

Mulchen spart Wasser. Eine Mischung aus Stroh und frischen Blättern (Beinwell, Brennnessel) ist optimal.

Wird über eingegrabene Töpfe gewässert, verteilt sich das Wasser direkt an der Wurzel.

zur Vermeidung von Pilzkrankheiten entfernt, diese Maßnahme wird bis zum Ende der Kultur noch mehrmals wiederholt.

Gießen und Mulchen Durch eine Mulchschicht wird Austrocken verhindert, als Nebeneffekt gelangt kein kaltes Wasser direkt an die Wurzeln. Neben Stroh, Brennnesseln und Rasenschnitt sind weitere Materialien geeignet, nur auf sauren Rindenmulch sollte man verzichten. Mulch vor dem Aufbringen immer ca. 2 Tage antrocknen lassen.

Generell wollen Tomaten temperiertes Wasser und vor allem viel! Um Pilzkrankheiten vorzubeugen, sollten Tomaten nur von unten, also am Stamm, gewässert werden. Die Blätter nicht benetzen. Nach dem Gießen möglichst lüften, damit die durch das Wässern höhere Luftfeuchtigkeit gesenkt wird. Vorteilhaft sind Tomatenhäuser mit ausreichender Höhe und Seitenfenstern, das begünstigt einen schnelleren Luftaustausch.

Gleichmäßige Feuchtigkeit ist für Tomaten wichtig, sie sollten nie vollständig austrocknen. Bei Hitze kann es notwendig sein, sogar zweimal am Tag zu gießen. Das gilt besonders für die Zeit der Fruchtentwicklung. Wenn nach Trockenheit die Pflanzen plötzlich viel Wasser zur Verfügung haben, kommt es zu Spannungen im Gewebe. Dadurch entstehen Risse in der Frucht , die bis hin zum Platzen führen können. Auch ein Abstoßen der Blüten kann durch Trockenheit, intensive Sonneneinstrahlung oder einen zu hohen Salzgehalt im Substrat verursacht sein. Dazu kommt es, wenn mehr Wasser über die Blätter verdunstet, als über die Wurzeln zugeführt werden kann. Besonders gefährdet sind Cocktail- und Johannisbeertomaten sowie Sorten mit einer dünnen Haut.

Alternative Erdsack

Kann man den Gewächshausboden nicht nutzen, hat man die Möglichkeit, Tomaten direkt in einem Sack zu kultivieren, der gut strukturierte Erde (Mindestgröße 40 l, besser 60 l) mit entsprechender Düngung enthält. Dazu legt man den Erdsack an die gewünschte Stelle und schneidet oben in den Sack einen oder mehrere Schlitze. Darin die Jungpflanzen wie üblich einpflanzen. Ein Gitter oder Schnüre zum Aufbinden der Tomaten sind notwendig. An den Sackenden oder an der Unterseite müssen kleine Löcher eingefügt werden, durch die das Gießwasser abfließen kann, die Erde würde sonst im Sack schimmeln.

TIPP

Tomaten lassen sich sogar direkt in einem Erdsack kultivieren. Auf gute Substratqualität achten!

Gurken

Wird das Gewächshaus beheizt, kann man Gurken schon Ende April pflanzen und bei kühlen Nächten die Heizung einschalten. Ohne Heizung sollte man die Gurken erst Mitte des Monats ins Gewächshaus bringen.
Beim Pflanzen der Gurken sollten mindestens 4–6 Blätter entwickelt, der Ballen gut durchwurzelt sowie die Wurzel weiß und ohne braune Spitzen sein. Gurken werden tief gepflanzt und leicht angehäufelt, damit sich Seitenwurzeln bilden, bei veredelten Gurken liegt die Veredlungsstelle über der Erde. Als Startdüngung organischen, mineralischen oder gemischten Dünger ins Pflanzloch geben (Herstellerangaben beachten!). Abstände sortenindividuell wählen.

Paprika

Wie für alle anderen Gemüsearten sollte der Boden gut vorbereitet sein, d. h. humos und locker, nährstoffreich mit Kompost und/oder Hornmehl oder -spänen versorgt. Abgelagerter Mist ist ebenfalls gut geeignet.
Paprika sollten so tief gepflanzt werden, wie sie zuvor im Anzuchtgefäß standen. Auf die Oberfläche wird die Mulchschicht aus Stroh, Rasenschnitt oder Folie aufgebracht. Der Pflanzabstand beträgt in der Reihe je nach Sorte 40–50 cm, zwischen den Reihen mindestens 60 cm. Schon beim Pflanzen sollte man einen Stab als Stütze vorsehen und die Pflanzen anbinden. Werden Gemüsepaprika zwei- oder dreitriebig gezogen, jetzt überschüssige Triebe an der Basis

Gurken und Tomaten in einem Haus, nicht immer eine gute Wahl! Die Bedürfnisse sind unterschiedlich. Doch sollten beide nie direkt mit kaltem Wasser aus der Leitung oder dem Brunnen gegossen werden.

Wärmespeicher

Für zusätzliche Wärme kann man einen BETA SOLAR Wärmespeicher verwenden, er besteht aus schwarzen Polyethylen-Schläuchen; diese werden mit Wasser gefüllt und liegen im Abstand von ca. 20 cm auf den Beeten. Die am Tag gespeicherte Wärme wird nachts an Luft und Boden abgegeben. Das kann auch bei Gurken später im Jahr nützlich als Vegetationsheizung sein.

TIPP

sowie evtl. Blüten oder Knospen entfernen, um das vegetative Wachstum anzuregen. Wurden in den letzten Jahren Paprika im Gewächshausboden angebaut, sollte man die Kultur im Kübel mit 10–20 l Fassungsvermögen bevorzugen.

AUSSAATEN IM MAI

Salate Nach der Ernte von Salat wird gleich wieder nachgepflanzt, immer aus dem Vorrat der vorgezogenen Jungpflanzen. Zu diesem Zweck Salat alle 3 Wochen in Kisten wie beschrieben aussäen, pikieren und pflanzen. Überständige Pflanzen direkt aus der Pikierschale ernten und ala »Baby Leaf« genießen.

BETA SOLAR Wärmespeicher verbessern das Wachstum der Tomaten, besonders nachts ist Wärme wichtig.

Paprika und Tomaten sind ein gutes Paar; besonders später im Jahr benötigen sie mehr Luft als Gurken.

Endivie Diese Salate zählen zur Gattung der Wegwarten, sie werden aber als typische Spätsommersalate kultiviert. Für frühe Pflanztermine vor Mitte Juni sind vor allem Frisée-Salate geeignet, weil sie weniger empfindlich auf mögliche Kältereize reagieren und schossfester sind. Als Langtagpflanze wird beim Endivie sonst bei Überschreitung einer bestimmten Tageslänge die Blüte gebildet, die Blätter verlieren an Aroma. Im Spätstadium bildet sich ein dichter Kopf, je nach Sorte auch mit gelber Mitte. Die meisten Sorten sind bedingt winterhart.

Radieschen und Rettich siehe Seite 19 und 33.

Rucola/Salatrauke Aussaat bis September fortlaufend nach Bedarf, Vorkultur in Multitopf-

Zucchini im Topf

Im Gefäß ist das Abzugsloch wichtig. Zucchini brauchen nicht nur viel Nahrung, sondern auch viel Wasser – sie gehören zu den »durstigen« Pflanzen. An sonnigen und warmen Tagen muss man nicht nur morgens, sondern zusätzlich noch am späten Nachmittag gießen.

Auch Asiasalate lassen sich noch in diesem Monat aussäen und halbfertig ernten. Später wird es für die meisten zu warm und man wartet bis Ende Juli. Rechts im Bild: 'Rote Wilde Rauke'/Asiasalat Agano.

platte. Man kann in das Gewächshaus, später auch in den Garten pflanzen.

AUSPFLANZEN NACH VORKULTUR

Zucchini Ende des Monats kommen die vorgezogenen Zucchini- und Kürbispflanzen ins Freiland oder im Fall der Zucchini auch in ein Gefäß mit einem Fassungsvermögen ab 40 l. Damit die Zucchini von Anfang an gut versorgt sind, immer nährstoffreiche Erde verwenden. Reifer Kompost ist ideal – er wird großzügig unter das Substrat gemengt. Wenn nicht verfügbar, Hornspäne oder -mehl einmischen. Einen Gießrand ausformen.

Zucchini im Topf brauen viel Wasser, Dünger und einen entsprechend großen Kübel mit Wasserabzug.

Pflanzenschutz

Wenn man Hilfe zum Pflanzenschutz braucht: Im Gartencenter oder einer Gärtnerei nachfragen. Unbedingt eine Blattprobe mitnehmen, und zwar immer verpackt in einen Folienbeutel!
Auch die Pflanzenschutzberatungen der Bundesländer helfen, Anschriften finden Sie im Internet. Selbst hergestellte Pflanzenschutzmittel, wie sie oft in den Foren vorgestellt werden, sind oft nicht zulässig. Nur zugelassene Mittel sind anzuwenden! Pflanzenstärkungsmittel (z. B. Brennnesselbrühen) dürfen dagegen selbst hergestellt werden.

PFLEGE UND GÄRTNERWISSEN

Augen auf! Wenn Pflanzen »augenscheinlich« nicht gedeihen, sollte man zuerst unter die Blätter schauen, bei Welke auch die Wurzel kontrollieren. Dabei die Lupe zur Hilfe nehmen. Überlegen Sie, ob Standortfaktoren wie Lichtmangel, zu viel Licht oder Staunässe ausreichend beachtet wurden.
Durch Fehler in der Kultur wird der Befall mit Schädlingen oder Krankheiten begünstigt.

JUNI

Alles befindet sich jetzt in einer Wachstumsphase. Die Pflanzen wollen mit Wasser und Nährstoff gut versorgt sein, damit sie sich weiter gut entwickeln können. Für Schatten in der Mittagszeit sind sie oft dankbar. Auch die Schädlinge gedeihen in der Regel prächtig – sie gilt es im Auge zu behalten, damit sich die Einbußen bei der Ernte in Grenzen halten.

ANBAUEN UND ERNTEN

Tomaten

Ausgeizen Über das »Ausgeizen« wird zunehmend gestritten, zumindest im Hobbybereich. Das Ausgeizen ist üblich, wenn Tomaten unbegrenzt in die Höhe wachsen, der Seitentrieb (Geiztrieb) wächst dabei bei der Stabtomate hinter der Blüte weiter. Buschtomaten wachsen begrenzt, sie werden wenig oder gar nicht ausgegeizt.

Ausgeizen fördert die Durchlüftung, sodass die Pflanzen abtrocknen. Geiztriebe nicht schneiden, sondern brechen, optimalerweise bei einer Trieblänge von ca. 5 cm.

Aufblatten nennen Gärtner das Kürzen oder Entfernen der Blätter, am besten mit einer sehr scharfen Schere, die man zwischendurch immer wieder desinfiziert. Durch diese Maßnahme fördert man die Durchlüftung. Von Blättern unter dem Fruchtstand werden nur 2–3 belassen,

Am und im Gewächshaus scheint das Wachstum zu explodieren. Gerade um die Mittagszeit kann es im Inneren so heiß werden, dass gelüftet werden muss. Abhilfe schafft auch eine Schattierung im Haus.

sobald die Früchte 20–30 mm Durchmesser erreicht haben, so kommt auch Frischluft an die Früchte. Kranke Blätter immer entfernen.
5 Wochen vor dem Ernteende werden die Pflanzen auf 1–2 Blätter über dem letzten Blütenstand eingestutzt, also abgeschnitten. Das kann auch früher geschehen, wenn z. B. die Tomaten an das Dach stoßen und sie dadurch leicht verbrennen oder faulen! Heute weiß man, dass Tomaten, die langsamer wachsen, mehr Aroma und Geschmack aufweisen. Darum beschränkt man das Entblättern und Entspitzen auf die Blätter bis zum Fruchttrieb.
Mehrtriebig gezogen, brauchen Tomaten länger in der Entwicklung, aber der Gesamtertrag steigt, allerdings muss man alle Triebe anbinden damit sie nicht mitsamt den daran hängenden Früchten abknicken.

Richtig Ausgeizen

Der Geiztrieb sollte beim Entfernen mindestens 2, höchstens 10 cm lang sein. Kleinere Geiztriebe brechen sonst nicht, sie werden nur gequetscht. Größere Triebe bieten an der Bruchstelle zu große Eintrittswunden für Pilze, Bakterien und Viren. Möglichst an einem trocknen Tag ausgeizen, damit die Wundstelle schnell antrocknet. Vorsorglich kann man mit Zwiebel- oder Rharbarberjauche gegen Pilze spritzen.

Beim Ausgeizen werden Seitentriebe an den Tomaten entfernt, um das Wachstum zu konzentrieren.

Die Triebe der Tomatenpflanzen werden mit Schnüren/Stäben nach oben geleitet.

Düngen Der Nährstoffbedarf der Tomate ist hoch, er liegt beträchtlich über dem Bedarf anderer Gemüsearten unter Glas. Bei der Entwicklung der Früchte ist der Hunger am höchsten. Ein Mangel an Hauptnährstoffen macht sich in einer geringeren Fruchtausbildung und in kleineren Früchten bemerkbar. Da Tomaten viele Wurzeln entwickeln, können sie die Nährstoffe besser aufnehmen als Gurken. Tomaten benötigen relativ viel Magnesium, mehr noch als Phosphor. Darauf sollte man beim Kauf eines Düngers achten.

- In der Wachstumsphase ist zunächst Stickstoff wichtig, als Startdünger wird organischer Dünger, wie Kompost, Mist oder Hornspäne, direkt in den Boden gebracht. Mineralische Dünger mit Langzeitwirkung sind natürlich auch denkbar, sie beleben aber nicht den Boden.
- Später folgen Dünger, die weniger Stickstoff, dafür mehr Phosphor und Kali enthalten.
- Die Aufnahme der Nährstoffe hängt von vielen Wachstumsfaktoren ab, so wird beispielsweise die Phosphoraufnahme durch niedrige Bodentemperatur, die Kaliaufnahme durch Lichtmangel beeinträchtigt.
- Besonders hohe Erträge erhält man, wenn man die Nährstoffe in mineralischer Form, und zwar flüssig, über die gesamte Vegetationszeit zuführt. Wird auf »höchste« Erträge verzichtet, kann man organische Dünger wie Brennesseljauchen verwenden, das ist Geschmackssache des Gewächshausgärtners.
- Kalk sollte von Anfang an im Boden vorhanden sein, weil Tomaten eine spätere »frische« Kalkdüngung nicht vertragen.

Düngermischgerät: Direkt am Schlauch/an der Leitung angeschlossen, sorgt ein Dosiersystem für eine genaue, zuvor gewählte Mischung von Wasser und handelsüblichem Flüssigdünger.

AUF EINEN BLICK: NÄHRSTOFFMÄNGEL ANALYSIEREN

- *Helle, chlorotische Blätter, besonders im Bereich neuer Blätter, deuten auf Eisenmangel hin. Hier können spezielle Eisendünger (Chelate) helfen.*
- *Braune oder graue, nässende Flecken an den Früchten können auf einen Kaliummangel hinweisen. Die Blütenendfäule ist keine Pilzinfektion, sondern Folge des Mangels an Calcium bei (meist in heißen Perioden) zu schneller Fruchtbildung. Hier muss ein flüssiger, sofort verfügbarer Calciumdünger auf Blätter und Früchte gespritzt (gegossen) werden.*
- *Symptome eines akuten Magnesiummangels erkennt man an in der Blattmitte, zwischen den Blattadern beginnenden chlorotischen Aufhellungen. Der Magnesiummangel kann durch wiederholtes Spritzen der Blätter mit einer 1 %-igen Bittersalzlösung behandelt werden.*
- *Treten Düngeschäden durch zu viel Dünger auf, was häufig in Gefäßkultur passiert, sollte man die Pflanzen mehrmals intensiv gießen, damit die Nährsalze aus der Erde geschwemmt werden.*

Gut ernährte Tomaten entwickeln bis zum Schluss große und viele Früchte. Bei Nährstoffmangel bilden sich nur kleine Früchte und auch die Blätter sind nicht gesund grün gefärbt, eher gelblich über das gesamte Blatt.

- Auch die Versorgung mit Mikronährstoffen darf nicht vergessen werden. Unterversorgung mit Eisen, Magnesium und Calcium (in der Fruchtbildung) sind Haupursachen nichtparasitärer Krankheiten.

Trillern Blüten der Tomaten sind auf die sogenannte Vibrationsbestäubung, häufig durch Insekten (Hummeln), aber auch durch Bewegung (Wind) spezialisiert. Dabei wird der Pollen aus den Staubbeuteln geschüttelt. Tomaten sind Selbstbefruchter, d. h. Pollen aus derselben Blüte kann die Narbe befruchten. Damit das gut funktioniert, sollte es nicht wärmer als 30 °C und nicht kühler als 13 °C sein, sonst kann sich der Pollen nicht entwickeln. Luftfeuchte über 90 % führt zum Verkleben des Pollens, unter 60 % wiederum trocknet die Narbe ein.

Bestäubung

Eine elektrische Zahnbürste, die man, ohne Bürstenaufsatz und vorsichtig, an die Blüte hält und sie damit in Schwingungen versetzt, kann die wichtige Arbeit der Hummeln ergänzen oder notfalls ersetzen.

TIPP

Eine zweckentfremdete elektrische Zahnbürste kann eine Hummel oder Wind ersetzen. Durch die Schwingung wird der Pollen aus den Staubbeuteln gelöst. Am besten gelingt das zur Mittagszeit.

Hummeln oder Wind kann man durch »Trillern« ersetzen, dabei rüttelt man vorsichtig an der Blüte und der Pollen fällt aus. Diese Bestäubungshilfe ist im Gewächshaus ratsam, weil Hummeln nicht immer den Weg ins Haus finden. Am besten stäubt der Pollen um die Mittagszeit (11–14 Uhr).

Gurken

An die Wasserversorgung stellt die Gewächshausgurke hohe Ansprüche. Trockenheit im Boden und in der Luft beeinträchtigen den Ertrag, andererseits führt Staunässe zu Welke. Gurken müssen an einer Schnur bzw. an Stäben oder einem Gitter aufgeleitet werden. Blätter sollten nicht auf dem Boden aufliegen, um einer möglichen Pilzübertragung entgegenzuwirken und um die Luftzirkulation in Bodennähe zu verbessern. Man entfernt grundsätzlich alle Früchte in einer Höhe unter 60 cm. An den Seitentrieben wird jeweils nur das 1. Blatt mit einem Fruchtansatz belassen. Die Früchte nie zu groß werden lassen. Einzelne große Gurken führen zu einer Entwicklungspause, Früchte bzw. Blüten werden abgestoßen. Das Entspitzen der Triebe ist nur dann notwendig, wenn sich die Pflanzen nicht von selbst verzweigen. Der Haupttrieb wird erst bei Erreichen des Firstes gekappt und festgebunden. Die letzten 3 Seitentriebe werden nach dem 2. Fruchtansatz entfernt, sie wachsen dann nach unten weiter.

Düngung Sie ist wichtig für den Erfolg der Kultur. Gurken sind chlorempfindlich, salzempfindlich und können nur wenig Nährstoffe auf einmal aufnehmen, da sie eine geringe Wurzelmasse besitzen. Trotzdem sollte schon wenige Tage nach dem Pflanzen flüssig gedüngt werden, danach wöchentlich. Geeignet sind rein organische Dünger, organisch-mineralische oder mineralische Dünger, ganz nach Geschmack. Wichtiger ist die Dosierung: häufig, aber in geringer Konzentration.

Nachpflanzen Mit der ersten Pflanzung ist man im Allgemeinen 6 Wochen lang mit Gurken versorgt, gegen Ende Juli allerdings lässt der Ertrag deutlich nach. Dann kann es zweckmäßig sein, Mitte Juni noch einen 2. Satz Gurken zu säen. Diese später gesäten Pflanzen bleiben länger gesund als die frühen und bringen bis in den Spätsommer Ertrag.

Die Kultur erfolgt wie vorher beschrieben, wenn möglich sollte sie zunächst ohne Kontakt zu den »alten« Pflanzen stattfinden. Sollten Krankheiten aufgetreten sein, muss man natürlich das Haus erst reinigen.

Trockenheit vermeiden! Werden Gurken mehrfach oder einmal sehr trocken, stoßen sie die Blüten ab.

Gurken nachpflanzen

Wer nachpflanzen will, kann auch aus nicht veredelten Gurken Stecklinge aus den Triebspitzen gewinnen, sie wurzeln schnell. Voraussetzung ist natürlich, dass Sie Stecklinge von gesunden Pflanzen geschnitten haben!

Pflanzenschutz Im Normalfall entwickeln sich die Gurken zunächst rasant. Wenn es wärmer wird, tauchen wie aus dem Nichts besonders bei trockenem und heißem Wetter Spinnmilben auf.

- Vorbeugen kann man durch für Spinnmilben ungünstige Bedingungen, etwa feuchte Luft durch Nasshalten der Umgebung, aber auch mit Rainfarn- und Wermutbrühen.
- Der Einsatz von Nützlingen (Raubmilben) kann helfen, aber auch zugelassene Pflanzenschutzmittel.
- Wird es jetzt nachts schon warm, kommt es bei gleichzeitiger Kultivierung von Gurken und Tomaten zu einem Konflikt: Tomaten sollten nachts gelüftet werden, Gurken (noch) nicht. Auch am Tag möchten die Tomaten Frischluft, die Gurken dagegen hohe Luftfeuchtigkeit.

Es lohnt sich immer, mehr als eine Gurkensorte anzubauen, Schlangengurken für Salat und leckere Snackgurken für den »Sofortverzehr«. Diese haben eine besonders zarte Schale und tragen viele Früchte.

- Gelüftet wird bei den Gurken erst ab einer Temperatur über 28 °C oder/und einer relativen Luftfeuchte über 90 %
- Gegen zu große Wärme hilft Schattierung durch ein Netz oder Anstrich der Scheiben.

Hat man nur Gurken (und/oder Melonen und Auberginen) im Haus, wird relativ wenig gelüftet. Als obere Temperaturgrenze 40 °C möglichst nicht überschreiten, da es sonst zu Schäden an Triebspitzen und Fruchtansätzen kommen kann.

Paprika

Wenn Paprika zu viele Früchte ansetzen, sollte man einige entfernen, um die anderen zur vollen Größe ausreifen zu lassen. Bei großfrüchtigen Paprika ist es angebracht, die sogenannte Königsblüte zu entfernen, sie bildet sich in der Verzweigung zwischen dem Haupt- und dem 1. Seitentrieb. So wird das Blatt- und Triebwachstum angeregt, es bilden sich letztlich mehr Früchte. In den Sommermonaten brauchen Paprika viel Wasser, trotzdem Staunässe vermeiden. Paprika benötigen regelmäßig Dünger, optimalerweise ist dieser flüssig und dem Wachstum angepasst.

Sonstiges

Salat Schnecken sind eine Gefahr für die Salatpflanzen, insbesondere Nacktschnecken lieben die weichen Blätter. Wenn eine chemische Bekämpfung nicht in Frage kommt, sollten die Schnecken und die Eigelege gesucht werden (siehe Seite 45). Auch Bodenbearbeitung kann helfen, dabei werden durch Hacken die Eier geschädigt.

Paprika sind Selbstbestäuber, doch auch hier kann man die Blüten schütteln oder von Hand bestäuben.

Man spricht bei Paprika von einer Schote, botanisch ist es eine Beere (genauer: eine Trockenbeere).

Zucchini Ihre Blüten haben eine unwiderstehliche Anziehungskraft für Rapsglanzkäfer. Diese fressen den Pollen, aber auch Stempel und Fruchtknoten der Blüte.

Die Bekämpfung durch vorsichtiges Abschütteln und anschließendes Einsammeln der Käfer ist meist schon erfolgreich. Keinesfalls sollte man Chemie einsetzen! Wenige Exemplare richten kaum Schäden an. Wenn keine Zucchini- oder Gurkenblüten erreichbar sind, findet man die Käfer an allen gelben Blüten.

Zucchiniernte

Bei Zucchini sind junge, kleine Früchte besonders lecker. Man sollte sie deshalb mit ca. 15-20 cm Länge und 100–200 g Gewicht ernten. Besonders am Beginn der Ernte fördert diese Maßnahme die Ausbildung neuer Blüten und Früchte. In Italien baut man mehr gelbe, hellgrüne und getigerte Zucchini an. Wegen ihrer zarten Haut sind die nicht für den Transport geeignet, schmecken aber viel köstlicher als die grünen.

AUSSAATEN IM JUNI

Salate Im Winter wachsen Salate langsam, jetzt sind sie nach ca. 6–7 Wochen erntereif. Der Anbau wird in Folgekultur fortgesetzt. Viele

Salate sollte man immer in einer großen Vielfalt anbauen, wie bei Tomaten. Ein »gemischter« Salat ist im Geschmack unvergleichlich. Dabei auch an Sorten mit »bitterem« Geschmack denken.

Sommersorten keimen schlecht bei Hitze, man kann sie zur Keimung anregen, indem man die Samen für 2 Tage in einem feuchten Haushaltstuch in den Kühlschrank legt. Danach werden sie wie üblich im Gewächshaus oder besser Frühbeet ausgesät. Die empfindlichen Keimlinge vor dem Austrocknen schützen.

Radicchio Er kommt aus Italien, seine knackigen, bitter-herben Blätter werden immer beliebter. Jetzt wird gesät. Im Herbst bilden sich dann die typischen festen Radicchio-Köpfe. Es werden nach Farbe und Form der Köpfe verschiedene Sorten angeboten. Die optimale Keimtemperatur liegt zwischen 16–20 °C. Temperaturen über 20 °C können Keimhemmung auslösen. Ansonsten ist die Temperatur auch später in diesem Bereich zu halten.

Kohlrabi Noch kann weiter Kohlrabi angebaut und vorgezogen werden. Auf jahreszeitlich angepasste Sorten achten. Zwischen der Aussaat und Ernte liegen 12–20 Wochen – je nach Sorte und Standort.

Buschbohnen Auch für sie ist noch Zeit zur Aussaat in Vorkultur (siehe Seite 43).

Winterrettich Bei ihm ist ebenfalls die Vorkultur möglich, die Aussaat erfolgt wie im Frühjahr beschrieben (siehe Seite 33). Rettich wird dann je nach Sorte, aber immer vor den ersten strengen Frösten geerntet. Sie lassen sich als Lagergemüse (wie Möhren, Kohl usw.) in feuchtem Sand im Keller oder Frühbeet frostgeschützt 4–6 Monate lagern.

PFLEGE UND GÄRTNERWISSEN

Vorsorge Schwere Früchte, beispielsweise Gurken, die im Gewächshaus auf dem Boden aufliegen, sollte man mit einer Strohunterlage oder noch besser mit einer kleinen Styroporplatte vor Fäulnis schützen.

Ameisen Besonders in feuchten Sommern nisten sie gern im Gewächshaus. Ihre Nester unterhöhlen Pflanzen und tragen zur Verbreitung der Blattläuse bei. Erkennt man die Zugänge zum Nest, kann man versuchen, die Tiere umzuquartieren. Über den/die Eingänge wird ein großer (5–8 l) Blumentopf gestülpt, am besten aus Ton. Meist wird er zügig als zusätzlicher Lebensraum von den Ameisen besiedelt. Nach einigen Tagen kann ausgebürgert werden. Der Topf wird entfernt, mit einer Schaufel werden alle erreichbaren Tiere in den Topf gefüllt, der dann aus dem Haus gebracht wird. Wenn man Glück hatte, bleiben nur Arbeiterinnen zurück.

Ameisen ernten die Ausscheidungen der Blattläuse (Honigtau) und transportieren sie in ihr Nest.

JULI

Jetzt kann es im Gewächshaus tagsüber brütend heiß werden. Mit Lüften und Schattieren können Sie dafür sorgen, dass die Temperaturen gerade um die Mittagszeit für die Pflanzen erträglich bleiben. Im Juni gilt es, auf langsames Wachstum sofort mit Düngegaben zu reagieren!

ANBAUEN UND ERNTEN

Tomaten

Lüftung Hitze kann bei mangelnder Wasserversorgung (siehe Seite 70) zu Schäden führen, gleiches gilt für Zugluft. Wenn das Öffnen von Fenstern und Tür nicht mehr ausreicht, um die Temperatur unter 40 °C zu halten, muss man die Luftfeuchtigkeit erhöhen.

Luftfeuchtigkeit

Pflanzen nehmen Kohlendioxid und Sauerstoff über Spaltöffnungen (Stomata) in den Blättern auf. Bei Wasserknappheit und/oder trockener Luft müssen sie diese schließen, weil sie sonst zu viel Wasser verlieren. Dadurch kann auch kein Kohlendioxid für die Photosynthese aufgenommen werden. Steigt die Luftfeuchtigkeit, so sinkt die Temperatur, die Stomata öffnen sich. Zu diesem Zweck sollte man Wege und Beete im Haus ergiebig befeuchten. Nie die Blätter benässen, bis zur Nacht müssen sie abtrocknen, sonst drohen Pilzerkrankungen!

TIPP

Sortenvielfalt: Ein MIx aus ertragreichen und schmackhaften, alten und neuen Sorten sorgt für viel Geschmack und sichert eine Ernte auch in kalten und nassen Jahren.

Ernte Nur reife Früchte ernten, diese nicht einfach abreißen oder vom Strauch schneiden. Durch die Wunden könnten sonst Keime eindringen. Um Verletzungen, auch an der Frucht, zu vermeiden, werden die Tomaten an ihrer »Bruchstelle«, einer kleine Verdickung am Fruchtstiel, zwischen die Finger genommen und vorsichtig zur Seite gebrochen. Das lernt man mit etwas Übung schnell. Bei reifen Früchten bricht der Fruchtstiel leicht, ist er noch elastisch, sollten die Früchte noch länger reifen.

Gurken

»Kragen« Bei Gurken sollte man den Wurzelhals einige Wochen nach der Pflanzung etwa 10 cm hoch anhäufeln. Man nimmt dafür eine Mischung aus (Pferde-)Mist, getrocknetem Rasenschnitt und Blumenerde. Im angehäufelten Bereich bilden sich meist noch zusätzliche Wurzeln. Überhitzung und Trockenheit führen bei Gurken zu einer Übersalzung des Bodens, die Folgen sind Einrollen bzw. Verbrennen der Gipfelblätter. Besonders unveredelte Pflanzen können bei Hitze kaum so schnell Wasser aufnehmen, wie sie es verdunsten. Veredelte Pflanzen werden dagegen durch das größere Wurzelwerk der Unterlage versorgt.

Wuchshemmung Kommt es im Sommer zu kühlen Nächten mit Temperaturen unter 12 °C, so ist das Wachstum der Gurken gehemmt, angesetzte Früchte werden oft abgestoßen. Erst mit zunehmender Temperatur verlaufen Wachstum und Fruchtbildung wieder normal.

Eisenmangel Dieser zeigt sich gelegentlich auch bei eigentlich ausreichender Nährstoffversorgung, z. B. bei zu hohem pH-Wert, bei zu viel Phosphor im Boden, aber auch bei allgemein ungünstigen Wachstumsbedingungen wie niedriger Bodentemperatur. Sichtbar wird er zuerst an den jüngsten Blättern der Trieb-

Hier liegt der Wurzelhals ungeschützt frei, die Wurzeln sind schon bräunlich verfärbt.

Den Wuzelhals schützt man durch eine ca. 10 cm dicke Schicht aus Mist, Rasenschnitt und Kompost.

spitzen. Die Blätter werden hellgrün bis hin zu gelblich-weiß. Diese Symptome nicht mit Schäden durch Spinnmilben verwechseln! Erst im fortgeschrittenen Stadium wird die Eisenchlorose bei älteren Blättern sichtbar. Zur Beseitigung sollte man die Ursachen ergründen, diese beseitigen und mit Eisen, am besten in Chelatform, düngen.

Ernten Man sollte die Früchte laufend ernten, das fördert die Fruchtbildung. Gurken müssen nicht unbedingt zur vollen Größe ausreifen, meist schmecken sie jung geerntet besser. Was man auch wissen sollte: Gurken entwickeln in Stresssituationen, z. B. Trockenheit, Kälte oder zu kaltes Gießwasser, Bitterstoffe, und zwar unabhängig von der Sorte. Die Bitterkeit ist zuerst am Stielansatz zu schmecken, also immer erst dort anschneiden bzw. probieren. Bittere Gurkenteile nicht verwenden, den bitterfreien Teil schon.

Paprika

Häufig werden Paprika von Läusen heimgesucht, meist von der grünen Pfirsichblattlaus. Den Befall bemerkt man zuerst durch die auftretenden Ameisen, dann durch die schwarzen Verpilzungen auf den Ausscheidungen der Läuse. Natürlich gibt es Möglichkeiten, dem Einhalt zu gebieten: Neben Marienkäfern sind es Florfliegen, die als Nützlinge eingesetzt werden können. Sie werden im Internet und im Gartencenter als Larven angeboten. Jede Larve vertilgt mehrere hundert Läuse, was ihnen auch den Namen »Blattlauslöwe« eingebracht hat.

Marienkäfer und ihre Larven sind die natürlichen Verbündeten der Gärtner gegen Blattläuse. Man kann sie als sogenannte Nützlinge im Handel erwerben und im Gewächshaus gegen Läuse einsetzen.

AUSSAATEN IM JULI

Salat Nach wie vor kann Salat ausgesät werden, dabei auf schossfeste Sommersalate achten.

Asiasalate Jetzt sind Aussaaten von Chinakohl, Pak Choi und anderen Asiasalaten empfehlenswert, die Ernte erfolgt dann ab Mitte September bis in den Oktober hinein. Alle lassen sich im Frühbeet und Gewächshaus direkt oder besser als Vorkultur aussäen. Die ersten Blätter der meisten Sorten können bereits 6 Wochen nach der Aussaat gepflückt werden. Die Direktaussaat erfolgt in Reihen (Abstand 25 cm) oder breitwürfig.

Tipp: Ruhig etwas dichter aussäen und Sämlinge, sobald sie 5 cm hoch sind, entnehmen und wie Kresse auf Butter- oder Käsebrote streuen.

Winterrettich Dieser wird jetzt wie im Vormonat ausgesät. Interessant ist auch der Asiarettich 'Shunkyo', eine Sorte aus Nordchina. Er präsentiert sich prächtig mit pinker Außenseite und weißem Inneren. Der Geschmack ist scharfsüßlich.

Möhren Reicht der Platz im Gewächshaus aus, kann man jetzt Möhren als Wintergemüse anbauen. Allerdings muss man aufpassen, dass die Vorkultur die Pfahlwurzeln der Möhren im Wachstum nicht in Mitleidenschaft zieht. Das bedeutet: so früh wie möglich pikieren und pflanzen. Für die Herbsternte eine Treibsorte verwenden. Bis zum Winteranbruch müssen sie gut entwickelt sein. Sie bleiben im Boden, der zusätzlich mit einer Schicht Laub oder Stroh abgedeckt wird. Geerntet wird nach Bedarf.

Asiasalate, hier Pak Choi, auch Pak Choy/Pok Choi geschrieben, ist ein naher Verwandter des Chinakohls. Wird er jetzt ausgesät, kann man schon 6 Wochen später anfangen zu ernten. Wie beim Kopfsalat Folgesaaten planen.

Vorbeugender Pflanzenschutz

Pilzkrankheiten kann man mit Schachtelhalmspritzungen, die das Gewebe mit Kieselsäure festigen, vorbeugen. Die Anwendung von Schachtelhalmextrakt erfolgt bei trockenem Wetter, eine Flüssigdüngung auf den Boden, z. B. Brennnesseljauche, begleitet sie. Pflanzen nehmen stark verdünnte Jauche auch übers Blatt auf, ebenso flüssige Algenpräparate. Bei Tomaten kann so eine Vitaldusche vielen Pilzkrankheiten vorbeugen.

TIPP

PFLEGE UND GÄRTNERWISSEN

Tröpfchenbewässerung Das Gießen kann sich in der Urlaubszeit schwierig gestalten. Findet sich dafür niemand, kann man die Wassergaben automatisieren. Dazu gibt es, angelehnt an den Profigartenbau, verschiedene Möglichkeiten.

Voreinstellung der Wassergabe Es gibt unterschiedliche Systeme, die mit dieser Möglichkeit arbeiten. Bei vielen wird durch den Tropfertyp die Wassergabe reguliert, so gibt es Tropfer, die 1 l, ½ l usw. pro Stunde »tropfen«. Diese Methode funktioniert, wenn man den Bedarf der Pflanzen kennt.

Abgabe nach Bedarf Systeme wie BETA 8 (Beckmann) oder Tropf-Blumat steuern die Wassergaben individuell über ein Quellholz oder einen

10 g Schachtelhalm (trocken oder frisch) mit 1 l Wasser ansetzen und zum Kochen bringen. 20 min. köcheln lassen. Nach dem Abkühlen abseihen, 8 l Wasser dazu geben. Mit dem Tee spritzen.

Tonkegel. Der Regler reagiert auf Feuchtigkeit und Trockenheit. Er ist in direktem Kontakt mit Erde und Wurzeln. Auf diese Weise wird die Feuchtigkeit dort gemessen, wo sie benötigt wird. Brauchen die Pflanzen Wasser, dann bekommen sie die notwendige Menge.

Das System Tropf-Blumat kann man mit einer vorgeschalteten Druckreduzierung direkt an einen Wasserhahn anschließen oder über einen Hochtank versorgen. Damit der Anschluss nicht ganz durch die Bewässerung blockiert ist, kann ein Doppelwasserhahn empfehlenwert sein.

Da die Tropfer individuell öffnen und schließen, kann die Anlage relativ groß ausfallen – bis zu 500 Pflanzen können gleichzeitig versorgt werden. Durch zusätzliche Reihentropfer kann Wasser großflächiger verteilt werden.

Nachjustierung Bei den Systemen Tropf-Blumat und BETA 8 werden die Tropfer einmal bei der Installation eingestellt, später muss man gegebenenfalls nachjustieren, wenn sich der Wasserbedarf oder die Pflanzengröße ändert.

Korrekturmöglichkeiten Da – im Gegensatz zur Überkopfbewässerung – bei der Tropfbewässerung immer nur ein geringer Teil der Bodenoberfläche befeuchtet wird, kann es sein, dass das Wurzelwachstum der Pflanzen auf den durchfeuchteten Boden beschränkt bleibt. Den Pflanzen steht damit auch nur ein Teil der im Boden befindlichen bzw. freigesetzten Nährstoffe zur Verfügung, sie können ihr Wachstumspotenzial nicht voll ausschöpfen. Aus diesem Grund sollte man öfter einmal den gesamten Bereich rund um die betroffenen Pflanzen wässern.

Tropfer mit Flächenfühler aus dem Tropf-Blumat-System: Er regelt die Feuchte der Bewässerungsmatten für Schalen oder Einzeltöpfe. Am Fühler sind Reihentropfer zur Verteilung des Wassers auf der Matte angebracht.

AUF EINEN BLICK: LÜFTUNG UND SCHATTIERUNG

- *Mit der richtigen Lüftung liegt die Temperatur im Gewächshaus nur 2–5 °C über der der Außenluft. Leider sind die Pflanzen, genauer die Blätter, auch von der Strahlungsintensität beeinflusst. Während im Freiland an sonnigen Tagen meist der Wind die Strahlungsenergie sinken lässt, steigt im Gewächshaus die Blatttemperatur über das Niveau der Lufttemperatur an. Deshalb muss bei vielen Pflanzen schattiert werden. Ohne diese Maßnahme können die Blätter durchschnittlich 7–15 °C wärmer sein als die umgebende Luft.*
- *In schattierten Gewächshäusern verringert sich die Temperatur. Bei hoher Blatttemperatur stellen die Pflanzen das Wachstum ein, bzw. verbrennt sogar das Blatt. Schattierung ist somit, neben dem Lüften und der Erhöhung der Luftfeuchtigkeit, die wirkungsvollste Temperaturabsenkung. Schattiernetze, -farbe und Rollos sind temporäre Lösungen. Manche Hersteller bieten fest installierte, bewegliche Schattierungen als Rollo oder Jalousie an.*
- *Es gibt auch eine spezielle Schattierfarbe, die Licht filtert. Es werden überwiegend Anteile durchgelassen, die für das Pflanzenwachstum wichtig sind. Bei Feuchtigkeit quillt die Farbe auf, sodass die Lichtdurchlässigkeit an dunklen Tagen zunimmt. Entfernen lässt sich die Farbe im Spätsommer oder in einer Regenperiode mit Bürste oder Schwamm. Eine Mischung aus Mehl und einer Prise Zucker dient auch als Schattierfarbe.*

Innenschattierung ist nur die zweite Wahl, besser ist es, die Wärme gar nicht erst ins Haus zu lassen. Die Lüftungsfläche sollte mindestens 20 %, besser 30–40 % der Gesamt-Glasfläche betragen.

- *Schattieren können auch Bäume oder Sträucher vor dem Haus. Dazu dürfen sie aber nicht zu nah am Gewächshaus sein.*
- *Noch aufwendiger, aber effektiver ist eine Außenschattierung, sie lässt die Wärme erst gar nicht ins Haus. In den Profigewächshäusern dient die Schattierung gleichzeitig als Energieschirm, der nachts isoliert.*
- *Automatische Fensteröffner sind fast unentbehrlich, regulieren sie doch die Luftzufuhr auch bei Abwesenheit. Sie funktionieren unabhängig vom Strom. Der Antrieb basiert meist auf Wachsbasis in einem Zylinder. Dieses Wachs zieht sich dank seiner physikalischen Eigenschaften bei niedriger Temperatur zusammen und dehnt sich bei steigender Temperatur aus. Die Wachsflüssigkeit steuert eine Kolbenstange, die sich nach vorn bewegt und über eine Hebelmechanik das Fenster öffnet. Eine Stahlfeder und das Gewicht des Fensters schließen die Lüftung wieder, wenn sich das Wachs zusammenzieht. Dieser Vorgang geschieht langsam. Durch Ein- bzw. Ausdrehen des Führungsrohrs am Lüfter kann der Zeitpunkt des Öffnens und Schließens – immer voneinander abhängig – auf die richtige Temperatur eingestellt werden. Je nach Hersteller beträgt die Tragkraft zwischen 7 und 18 kg. Die Fensteröffner sind praktisch wartungsfrei. Wichtig ist eine stabile Sturmsicherung. Bei nicht genutzten Häusern im Winter die Kolbenstange entfernen und die Fenster auf diese Weise sichern.*

Vlies über Jungpflanzen schattiert und erhöht die Luftfeuchtigkeit im Bereich der Pflanzen. Das ist wichtig bei frisch pikierten Sämlingen oder nach dem Umtopfen. Über Saatschalen kann Vlies die Abdeckung ersetzen.

AUGUST

Jetzt ist die Erntezeit in vollem Gange. Tomaten, Paprika, Gurken – alles gibt's nun in Hülle und Fülle. Gleichzeitig beginnt auch schon wieder die Sä- und Pflanzzeit, denn der Herbst lässt nicht mehr lange auf sich warten.

ANBAUEN UND ERNTEN

Tomaten

Schattierung Mitte des Monats sollte man die Schattierung – egal ob in Form von Netzen oder Farbe – vom Gewächshaus entfernen, so sie noch nicht vom Regen abgewaschen wurde.

Sonnenschutz

Einer der sekundären Pflanzenstoffe in roten Tomaten ist das Lycopin, das für seine antioxidative Wirkung, die hundertmal so stark ist wie die von Vitamin E, bekannt ist. Der Radikalfänger schützt die menschlichen Zellen und hemmt den Alterungsprozess der Haut. Besonders interessant: Durch einen erhöhten Lycopinspiegel bilden die Zellen einen körpereignen Lichtschutzfaktor. Trotzdem: Sonnenschutzcreme unbedingt verwenden – Lycopin schützt nicht vor Sonnenbrand.

TIPP

Eine Präzisions-Lupe, mindestens mit 8-facher Vergrößerung, erleichtert es, Schädlinge zu erkennen. Neben Läusen lassen sich so auch die sehr kleinen Spinnmilben lokalisieren und identifizieren.

AUF EINEN BLICK: SCHADBILDER DER TOMATE

Wer Auffälliges entdeckt, sollte sich zeitnah in einem Fachbetrieb beraten lassen. Dazu immer ein Muster (Blatt, Frucht, Blüte) verschlossen in Folie, zum Zeigen mitnehmen. Hilfe findet man auch bei den Pflanzenschutzstellen der Bundesländer, hier kann man ein Foto mit der Bitte um Beratung hinschicken. Alle tierischen Schädiger kann man durch Gelbtafeln kontrollieren.

- Für das **Blattrollen** kann es viele Ursachen geben, zumeist liegt eine Überdüngung vor, der man mit Auswaschen begegnet.
- Platzen die Früchte, so ist meist ein Wechsel von zu viel und/oder zu wenig Wasser die Ursache.
- Bei **Grünkragen** bildet sich um den Kelchansatz der reifen Tomate eine runde, grüne, später gelbliche verhärtete Zone. Es gibt Sorten, die anfällig sind, starke Sonneneinstrahlung fördert die Entwicklung.
- **Blütenendfäule** tritt durch einen dunkelbraunen bis grauen, wässrigen Fleck an der Blütenansatzstelle in Erscheinung. Das Gewebe vertrocknet und verhärtet. Bei zu schnellem Wachstum ist trotz ausreichender Calciumversorgung im Boden nicht genug Calcium in den Früchten verfügbar. Starkes Wachstum fördert daher die Blütenendfäule. Man kann mit Calciumdüngern direkt auf die Früchte spritzen und den Mangel auf diese Weise ausgleichen.
- Um **Nährstoffmangel** zu erkennen, braucht es viel Erfahrung. Gute Chancen hat man bei Eisenmangel, die innere Blattfläche wird hell (chlorotisch), doch Blattadern bleiben grün. • Andere Blattflecken sind schwer zu diagnostizieren, gefürchtet ist vor allem Phytophtera (Kraut und Braunfäule). Hier werden die Blätter und die Früchte geschädigt. An den Früchten zeigen sich braune, eingesunkene Flecken, das Fruchtfleisch darunter ist verhärtet und wird braun, beginnt zu faulen. An den Blättern bilden sich auf der Oberseite grünliche bis braune Flecken, die Unterseiten sind von einem weißgrauen Schimmelrasen überzogen.
- **Die weiße Fliege**, auch als Mottenschildlaus bekannt, ist gut zu erkennen. Nach dem Befall bilden sich Honig- und Rußtau sowohl an den Blättern als auch an den Früchten. Eine Bekämpfung mit zugelassenen Pflanzenschutzmitteln ist möglich. Auch der umweltfreundliche Einsatz der Schlupfwespe hat sich bewährt. Dabei werden alle 2 Wochen Tiere ausgesetzt.
- Weitere Schädlinge sind **Thripse**, bekämpfbar durch den Einsatz von Raubmilben. Gegen **Blattläuse** dagegen helfen Florfliegen und Marienkäfer. Treten **Minierfliegen** auf, helfen Schlupfwespen, während Spinnmilben durch Raubmilben bekämpft werden.

Gurken

Jetzt noch schädlingsfreie Gurken ernten – das ist eher selten. Meist haben Spinnmilben ihr zerstörerisches Werk schon vollbracht. Daneben muss man mit Echtem und Falschem Mehltau rechnen, das sind Pilzerkrankungen, die in ersterem Fall bei Wärme und Trockenheit, in letzterem Fall bei hoher Luftfeuchtigkeit (Dauerregen) im Spätsommer auftreten. Ohne Chemieeinsatz kann man diese Erkrankungen nur eindämmen, man muss mit den Schäden leben, kann aber weiter ernten.

- **Falscher Mehltau** *(Pseudoperonospora cubensis)* Ihn erkennt man an kräftigen, gelben oder schmutzig-grünen Flecke an der Blattoberseite, die von den Blattadern begrenzt sind. An der Unterseite zeigen sich die Flecken in einem fahlen Hellbraun. Dort bilden sich auch die bräunlich-violetten Vermehrungskörper. Später verfärben sich die Flecken kräftig braun.
- **Echter Mehltau** *(Errsiphacea)* Hier zeigen sich weiße, mehlartige Flecken auf den Blättern.
- **Nährstoffmangel** Wenn sich bei Gurken keine Früchte bilden oder ausgebildete verkümmern, ist die Pflanze fast immer unterernährt oder hat zu wenig Licht. Durch Entfernen der Schattierung kann man abhelfen. Bei Anwendung von Jauchen kann Nährstoffmangel auftreten, denn diese sind nicht unbedingt gehaltvoll, auch wenn sie stinken!

Paprika

Wenn man Paprika im Topf kultiviert, kann man besonders die kleinfrüchtigen auch noch ins Freie stellen. Vorher sollten sie natürlich an die Verhältnisse draußen akklimatisiert werden.

Die ersten Anzeichen für Falschen Mehltau erkennt man auf der Blattoberseite.

Der Falsche Mehltau hat sich über das gesamte Blatt ausgebreitet, eine Bekämpfung ist nicht mehr möglich.

Draußen entwickeln sie noch geschmackvollere bzw. schärfere Früchte. Im Gewächshaus sollte man Ende des Monats die Schattierung entfernen.

AUSSAATEN IM AUGUST

Salat Es sind Anfang des Monats noch Aussaaten von Kopf- und Pflücksalaten möglich.
Kohlrabi Wird der letzte Kohlrabi jetzt ausgesät, kann er noch vor dem Frost geerntet werden.
Feldsalat Es wird Zeit für die Kultur des ersten Feldsalats in Multiplatten.
Spinat Jetzt bei der Aussaat auf späte Sorten achten, nur mehltauresistente verwenden. Vorkultur wie Feldsalat in Multiplatten. Später ins Gewächshaus, Frühbeet oder Folientunnel. Mit fortlaufender Aussaat auch fortlaufende Ernten.

Feldsalat

Inzwischen werden beim Feldsalat Sorten für den Ganzjahresanbau angeboten, beispielsweise die Sorte »Favor«. Sie ist tolerant gegen den Falschen Mehltau.

PFLEGE UND GÄRNERWISSEN

Heizung Die ersten Herbsttage sind nicht mehr weit. Wer bislang noch keine Heizung im Gewächshaus hatte, sollte über eine Anschaffung nachdenken. Bis Ende November sind es

Feld- und Asiasalat in Multitopfplatten: Den Feldsalat kann man so schon ernten. Den Asiasalat zur weiteren Entwicklung besser noch ins Gewächshaus pflanzen und erst später genießen.

Gewächshausheizung mit Paraffinölbetrieb: Als Not- oder Übergangsheizung für Häuser bis 5 m² geeignet. Im Dauerbetrieb kostenintensiv, bei fehlendem Elektroanschluß aber eine gute Alternative.

Zur besseren Verteilung der Wärme wurden Aluminiumschläuche an die Elektroheizung montiert.

Bodenwärme ist für Jungpflanzen fast noch wichtiger als Lufttemperatur, ein Bodenheizkabel sorgt dafür.

AUF EINEN BLICK: WELCHE HEIZUNGEN KOMMEN IN FRAGE

Eine direkt im Haus betriebene Heizung mit Kohle, Holz oder Öl ist eher selten. Bei größeren Häusern sowie hohem Wärmebedarf ist der Anschluss an eine Warmwasserheizung (Wohnhaus) günstig. Elektrische Gebläse-, Rohr- oder Rippenrohrheizkörper werden am häufigsten genutzt. Spezielle Gewächshausheizungen bestehen meist aus Edelstahl und sind vor allem spritzwassergeschützt. Die Heizung muss regulierbar sein, meist in Verbindung mit einem ebenfalls geschützten Thermostat.

- *Gebläseheizungen lassen sich im Sommer auch als Ventilator einsetzen. Rohrheizungen verteilen die Wärme langsam über die Fläche.*
- *Auch Gasheizungen mit Katalysatorbrenner sind sicher, thermostatisch regelbar, und sie nutzen die eingesetzte Energie zu 99 %. Bei der Verbrennung wird Sauerstoff verbraucht und* CO_2 *abgegeben. Die* CO_2*-Konzentration in der Gewächshausluft fördert das Pflanzenwachstum, allerdings könnten blühende Pflanzen Schäden erleiden. Das kann eine Abgasvorrichtung verhindern. Wichtig ist eine Sauerstoffmangel-Sicherung.*
- *Ein »warmer Fuß« fördert das Wachstum, sagt der Gärtner. Ein warmer Fuß, das ist bei Pflanzen ein warmer Wurzelraum, also eine Boden- oder Vegetationsheizung, wie sie für Jungpflanzen und Stecklinge gern verwendet wird. Die Bodenheizung kann mit elektrischen Heizmatten, -platten, -kabeln oder durch warmes Wasser erwärmt werden. Das Wasser fließt dabei durch schwarze, im Boden verlegte Heizschläuche oder wird in Schläuchen mit größerem Durchmesser (BETA SOLAR Heizung) durch die Sonne erwärmt. Auch die Kombination mit einem Solarkollektor zum Erwärmen des Wassers ist möglich.*
  Mit der Vegetationsheizung wird die Raumluft kaum erwärmt, was für das Gemüsewachstum meist trotzdem ausreicht. Vegetations- und Luftheizung lassen sich natürlich kombinieren.
- *Gewächshausheizungen mit Petroleum/Paraffin sind für kleine Gewächshäuser und eher als Notheizung gedacht. Durch Markenheizstoff, der rückstandsfrei und ohne Rußbildung verbrennt, wird Geruch vermieden. Übliche Petroleumbrenner haben einen Tankinhalt von 3–5 l. Die Leistung liegt, je nach Typ, zwischen 300 und 600 Watt.*

häufig nur wenige kalte Nächte, die man mit einer Heizung überbrücken muss, um länger ernten zu können. Die Wahl der Heizung richtet sich nach den Gegebenheiten, am einfachsten zu bedienen ist eine elektrische Heizung. Hier muss man aber auf die Sicherheit achten, schließlich kann man nicht jede Heizung im Feuchtraum verwenden – Kurzschlussgefahr!

SEPTEMBER

Die Kultur der sommerliebenden Gemüse geht dem Ende entgegen. Jetzt können Reinigungs- und Reparaturarbeiten in Angriff genommen werden, ehe auf dem frei gewordenen Raum das Herbst- und Wintergemüse ausgesät oder gepflanzt wird.

Schmutz und Schattierfarbe werden entfernt. Meist genügen Wasser und eine weiche Bürste.

ANBAUEN UND ERNTEN

Tomaten

Zeitnah ernten Je nach Klima und Beheizungsmöglichkeiten kann man die Paradeiser häufig bis in den Oktober hinein ernten. Nach regenreichen Perioden und bei Krankheitsbefall sollte man allerdings die unreife Ernte vorzeitig von den Pflanzen nehmen und die Früchte einzeln nachreifen lassen. Das Ende der Saison ist erreicht, wenn die Nachttemperatur unter 10 °C sinkt. Anders als bei der Nachreife losgelöst von der Pflanze entwickeln sich am Strauch durch niedrige Temperaturen und nächtlichen Tau glasige Flecke auf den Früchten. Die Gefahr der Kraut- und Braunfäule ist dadurch hoch, die Ernte in Gefahr.

Samen ernten Will man Samen von sortenfesten Sorten ernten, so wählt man die vollreife Frucht einer gesunden, reich tragenden Pflanze aus. Diese wird halbiert, die Samen werden vorsichtig über einem Haarsieb aus der Frucht ausgewaschen. Behutsam an den Samen reiben, das noch anhaftenden Fruchtfleisch bleibt zunächst dran. Man kann mit unterschiedlichen Methoden weiter vorgehen.

- Entweder man gibt die Samen in ein kleines Glas und bedeckt sie mit lauwarmem Wasser. Ein wenig Zucker fördert die Fermentierung. Das Gefäß wird mit Folie lose, nicht luftdicht verschlossen und zimmerwarm gelagert. Durch die Fermentierung löst sich die schleimige, keimhemmende Hülle nach 2–4 Tagen. Danach trocknet man die Samen auf Küchenkrepp oder Haushaltspapier.

AUF EINEN BLICK: NACHREIFEN LASSEN

Man sollte immer nur makellose Früchte lagern, befallene lieber entsorgen. Zur Nachreife gibt es 2 Methoden.

- *Am einfachsten ist es, die gesamte Pflanze abzuschneiden, die Blätter vollständig zu entfernen und die Pflanze dann in einem trockenen, nicht zu kalten Raum kopfüber aufzuhängen. Durch das Entblättern wird die Verdunstung reduziert, die Früchte bleiben straff. Allerdings muss laufend kontrolliert werden, denn reife Früchte lösen sich, fallen auf den Boden und platzen!*
- *Sie können auch unreife und halbreife Früchte abschneiden, Stiel- und Fruchtboden werden belassen, damit keine Beschädigungen entstehen. Jetzt die Tomaten in Zeitungspapier wickeln, bei 18 °C–20 °C aufbewahren. Schneller geht es, wenn man daneben Äpfel lagert, sie produzieren Äthylen, das beschleunigt den Reifeprozess.*
- *Auch die Lagerung in unglasierten Tongefäßen (Römertopf) ist möglich. Dazu Gefäße wässern, um die Luftfeuchtigkeit zu erhöhen, und die Tomaten bei Wärme lagern. So reifen sie schnell und entwickeln ihren typischen Geschmack, was sonst eher selten ist.*
- *Wenn man es einfach haben will, kann man die Tomaten auch – mit oder ohne Apfel – in flachen Kisten einlagern und sie mit Zeitungspapier oder dunklem Vlies abdecken. Bei Zimmertemperatur lagern. Das dauert etwas länger, aber es klappt! Zwischenzeitlich immer wieder kontrollieren, befallene, schrumpelige Früchte entfernen!*

Unreife Früchte nicht zu lange bei kaltem und feuchtem Wetter am Strauch lassen.

Nachreife bei Zimmertemperatur: Äpfel beschleunigen die Reife durch Äthylen.

- Bei der 2. Methode wird direkt nach dem Auswaschen auf Haushaltspapier getrocknet. Nach ca. 5 Stunden werden die Samen noch einmal auf neues Papier umgelagert, zuvor auf dem Haushaltspapier hin und her gerollt, um so die Fruchtfleischteile zu entfernen.
- Trockene Samen kann man in einer verschlossenen, lichtdichten Dose an einem trockenen Ort aufbewahren. Sie halten über Jahre, vor dem Aussäen sollte man allerdings auf jeden Fall eine Keimprobe vornehmen.

Gurken

Krankheitsbefall Im September machen den Gurken fast immer Pilzkrankheiten oder Spinnmilben zu schaffen. Manche Gärtner zögern dann, die Pflanzen zu entsorgen, weil immer

Braunfäule-Befall

Leicht schimmlige, fleckige oder gar von Braunfäule befallene Tomaten sollte man nicht nutzen. Der Pilz (Phytophthora infestans), der die Kraut- und Braunfäulekrankheit verursacht, produziert Giftstoffe (Mykotoxine). Diese Pilzgifte sind hitzestabil und laut Warnungen der Deutschen Krebsgesellschaft sogar krebserregend. Früchte und befallene Pflanzenteile nur über den Biomüll entsorgen.

Tomatensamen werden in einem Sieb durch handwarmes Wasser vom Fruchtfleisch befreit. Danach auf Haushaltspapier trocknen lassen. Später umlagern und Fruchtfleischreste durch Rollen entfernen.

noch Gurken nachwachsen. Das ist falsch, denn dadurch fördert man nur die Massenvermehrung der Schädiger. Findet keine Bekämpfung mehr statt, sollte man kranke Gurken sofort entfernen und am besten über den Biomüll entsorgen.

Paprika

Jetzt wird weniger gegossen, dadurch wird das sortentypische Aroma gefördert. Wenn man Chili zum Ende der Kultur trockener hält und die Blätter schlaff herunterhängen, werden die Früchte schärfer. Geerntet wird am Morgen, dann enthalten die Früchte die meisten Aromastoffe. Zum Ernten unbedingt eine scharfe Schere verwenden, die Fruchtstiele sind nämlich hart, man kann sie nicht einfach von Hand abreißen. Der Stiel muss auf jeden Fall an der Frucht bleiben.

Sonstiges

Salat Noch kann man Salat morgens oder abends ernten, später im Jahr möglichst erst abends, damit der Nitratgehalt durch Tageslicht und Wärme niedrig ist – siehe dazu auch Seite 89. Besser haltbar ist Salat, wenn er trocken geerntet wird.

Schnittlauch vortreiben Für den Winterbedarf werden jetzt ältere Pflanzen, die vorher nicht beschnitten wurden, eingetopft oder mit Ballen im Freien gelagert. Die Töpfe/Ballen werden ausgeputzt und vor Regen geschützt und trocken untergebracht. Leichter Frost schadet nicht! Die Ruhezeit ist wichtig. Anfang Dezember, später nach Bedarf, werden die Ballen getopft und die Töpfe ins Gewächshaus oder in die Wohnung gebracht. Um das Austreiben zu

An einer geplatzten Frucht kann sich schnell Botrytis (Schimmel) ausbreiten. Immer gleich entfernen!

Zum Ende der Kultur die Pflanzen trockener halten, das begünstigt die Schärfe in der Frucht.

beschleunigen, kann man die Ballen vor dem Eintopfen 10–12 Stunden in ein 35–40 °C warmes Wasserbad legen. Je nach Aufstelltemperatur wird nach ca. 14 Tagen der erste Schnitt möglich. Dann wird fortlaufend geerntet.

AUSSAATEN IM SEPTEMBER

Winterportulak Die auch als Kubaspinat, Tellerkraut oder (holländisch) Winterpostelein bekannte winterharte, krautige Pflanze wächst schnell und nutzt vorhandene Wärme zur Entwicklung. Die zarten, eiförmigen Blätter schmecken mild und lassen sich wie Salat zubereiten. Aussaaten misslingen gelegentlich, weil zum Keimen Temperaturen unter 12 °C benötigt werden. Die Pflanzen sind vermehrungsfreudig, man sollte sie immer restlos abernten, sonst bildet sich reifer Samen, der sich im Garten unkontrolliert verbreiten kann.

Feldsalat Wie im Vormonat weiter Feldsalat ausbringen, dabei zu dichte Saaten vereinzeln, sonst kann Feldsalat schnell faulen. Es werden auch Saatbänder angeboten! Immer viel lüften, auch im Winter an frostfreien Tagen.

Asiagemüse 'Wasabino' schmeckt würzig und leicht scharf, ein bisschen wie Meerrettich und

Neben Feldsalat und Asiasalaten kann man jetzt auch noch Winterportulak aussäen. Die Erntezeit lässt sich bis ins neue Jahr ausdehnen. Nur bei sehr niedrigen Temperaturen ist dann Kälteschutz (Vlies) gefragt.

Senf. Die Blätter sind vielseitig verwendbar. 'Wasabino' ist kälterestistent und ideal für den Anbau in den kühlen Monaten im Herbst (oder Frühjahr) im Kalthaus. Ernten nach etwa 3 Wochen als 'Baby Leaf', vollentwickelt nach 40–45 Tagen.
Löffelkraut Ein anderer Name für das Löffelkraut ist Skorbutkraut, ein Hinweis auf den hohen Vitamin-C-Gehalt. Der Geschmack ähnelt dem der Kresse, ist allerdings noch scharfwürziger, manchmal auch salziger. Die Aussaat wird 1 cm dick mit Erde bedeckt, sie ist noch bis Oktober möglich. Gesät wird entweder direkt in Reihen ins Gewächshaus oder besser in Schalen, die dann nach 3 Wochen pikiert werden. Die Ernte der Blätter erfolgt vor der Blüte. Löffelkraut ist zweijährig und winterhart.
Salat Bis Mitte des Monats kann man noch Winterkopfsalate aussäen, sie haben eine lange Entwicklungszeit, lassen sich aber bis ins nächste Jahr hinein ernten.

PFLEGE UND GÄRTNERWISSEN

Bodenpflege Wenn Tomaten und Gurken geräumt sind, folgen genügsame Sorten, die mit dem »ausgezehrten« Boden zufrieden sind. Wenn nötig, kann man auch die oberste Erdschicht erneuern. Dazu ca. 2 kg Kompost pro m² locker in den Boden einarbeiten. Wenn kein Kompost verfügbar ist, kann man auf organische Dünger ausweichen. Treten im Haus verstärkt Algen, Moose und Lebermoose auf, deutet das auf (zu) hohe Feuchtigkeit hin. Auch den pH-Wert sollte man kontrollieren! Hat sich die Erde durch ständiges Gießen mit hartem Wasser aufgekalkt, ist das durch einen schleimigen, unangenehm riechenden Überzug erkennbar.

Scheiben reinigen Langsam wird das Lichtangebot geringer, die Reinigung der Scheiben und Hohlkammerplatten ist hilfreich.
Glas kann einfach mit Wasser und Bürste gereinigt werden. Stegplatten haben zwar ebenfalls eine porenlose Oberfläche, aber die Oberfläche ist nicht so hart. Staubige Platten darum lieber mit einem weichen Schwamm oder einer sehr weichen Bürste und Wasser behandeln. Sie sollten niemals nur trocken abwischen, da auf diese Weise Kratzer entstehen. Bei hartnäckigen Verschmutzungen kann Spülmittel (Kaliseife) verwendet werden. Diese Putzaktion im Frühjahr wiederholen.

Für Wintergemüse genügt es, oberflächlich (wenig) Kompost in den Boden zu bringen.

OKTOBER

Reinigungsarbeiten werden jetzt noch einmal ganz groß geschrieben. Bis Mitte des Monats kann auch noch Spinat und Feldsalat ausgesät werden. Vor den Frösten dürfen kälteempfindliche Kübelpflanzen ins Gewächshaus einziehen (siehe Seite 92).

ANBAUEN UND ERNTEN

Tomaten

Nach der Ernte Nach Ende der Tomatenkultur wird das Beet geräumt. In Kleingewächshäusern werden alle Pflanzenreste entfernt, und zwar unabhängig davon, ob schon Krankheiten aufgetreten sind. Nur gesunde Pflanzen werden kompostiert. Alle Teile das Hauses, auch der Sockel oder Fundamentteile, sollte man gründlich säubern und wenn möglich desinfizieren. Tomatenspiralstäbe und Aufbindefäden ebenfalls nicht vergessen, auch sie können Tomatenkrankheiten wie die Bakterienwelke übertragen. Für eine Desinfektion empfiehlt sich eine Grobreinigung mit einer Bürste, danach ein Wasserbad mit Zusatz von Feindesinfektionsmitteln. So schützt man Pflanzen vor Krankheiten, die durch Pilze, Viren oder Bakterien hervorgerufen werden. Schnittwerkzeuge lassen sich mit 70%-igem Alkohol desinfizieren. Bei vorangegangenem Krankheitsbefall sollte man über einen Bodenaustauch nachdenken.

Zur Überwinterung der Kübelpflanzen kann man das Gewächshaus mit Luftpolsterfolie zusätzlich isolieren, das spart Heizungskosten. Natürlich muss noch genügend Licht verfügbar bleiben!

Gutes Klima

Späte Gemüsekulturen, wie Endivie, Feldsalat und Spinat, brauchen keine Heizung. Schwieriger ist es, hohe Luftfeuchtigkeit zu vermeiden – hier hilft ein Ventilator. Licht ist um diese Jahreszeit der begrenzende Wachstumsfaktor, Wärme hilft da nicht. Ohne Licht fördert sie im Gegenteil sogar Pilzerkrankungen. Deshalb bei jeder Gelegenheit lüften, den automatischen Fensteröffner auf 8 °C justieren. Der Wasserverbrauch ist gering, wenn möglich an sonnigen Tagen wässern, die Pflanzen müssen schnell wieder abtrocknen können.

TIPP

Paprika

Es lohnt sich, die Erntezeit so lange wie möglich zu verlängern, da viele Sorten ohnehin spät zur Fruchtreife kommen. Bei Frostgefahr kann eine Abdeckung mit Vlies schützen, für Beete und Hochbeete sind auch Abdeckhauben sinnvoll. Paprika nur voll ausgereift ernten, so besitzen sie maximalen Geschmack.

AUSSAATEN IM OKTOBER

Asiasalate Bei vielen Versuchen haben sich die Kohlsalate der Sorten 'Mizuna', 'Green in Snow' und 'Red Giant' als besonders winterhart herausgestellt. Sie werden sogar als Mischung in der Samenpackung angeboten. Auch jetzt noch ist die Aussaat möglich, die Vorkultur

Heizung und Ventilator in einem Gerät, das kann im Winter bei hoher Luftfeuchte nützlich sein.

Der Asiasalat Mizuna, rasch wachsend, bildet eine dichte Rosette mit stark gefiederten Blättern.

erfolgt am besten in kleinen Multitopfplatten. Wenn das Licht nicht mehr ausreicht, entwickeln sich Geschmack und Ausfärbung der Asiasalate weniger intensiv, das macht sich besonders bei der roten Sorte negativ bemerkbar.

Spinat Wer das kälteverträgliche Blattgemüse Anfang des Monats aussät, kann noch in diesem Jahr ernten. Die Aussaat erfolgt direkt in Reihen mit einem Abstand von etwa 12 cm. Bis zum Sichtbarwerden der Keimlinge kann eine Vliesauflage für zusätzliche Wärme sorgen. Auch eine Vorkultur ist möglich, allerdings sehr aufwendig und eigentlich nicht nötig! Bei der Auswahl des Saatgutes sollte man wiederum auf mehltauresistente Sorten achten.

PFLEGE UND GÄRTNERWISSEN

Gemüse im Winter Gemüse wie Feldsalat, Winterportulak oder Spinat kann man als frosthart bezeichnen. Trotzdem können sie Schaden nehmen, etwa durch Kahlfröste, wenn also kein Schnee liegt. Dabei lässt starker Nachtfrost den Boden gefrieren, die Sonne lässt am Tag die Pflanzen – aber nicht den Boden! – auftauen. Die Pflanzen verdunsten Wasser, ohne dass neues Wasser über den gefrorenen Boden nachgeführt wird, die Pflanzen welken. Wiederholt sich das »Erfrieren«, werden die Blätter welk und färben sich letztlich schwarz – sie sind vertrocknet.

Um mehr Pflanzen überwintern zu können, kann man den Rückschnitt großzügig durchführen.

Noppenfolie oder Luftpolsterfolie kann im Frühjahr oder im Winter Heizkosten sparen.

Gut isoliert Man kann das Gewächshaus außen oder innen mit Luftpolsterfolie, innen und am Fundament mit Styropor- oder Styrodurplatten isolieren. Für die Folie gibt es spezielle Halterungen, damit man sie schnell anbringen, aber auch schnell und einfach wieder entfernen kann. Allerdings muss auch bei Isolierung noch ausreichend Licht verfügbar sein, die Fenster müssen sich bei Bedarf öffnen lassen. Gegen Wind kann eine Hecke schützen. Wichtig: Sie muss so weit entfernt gepflanzt werden, dass sie kein Licht wegnimmt. Auch eine Schneedecke auf dem Dach wirkt als Isolationsschicht. Allerdings muss man dabei die Last beachten, notfalls muss der Schnee geräumt werden!

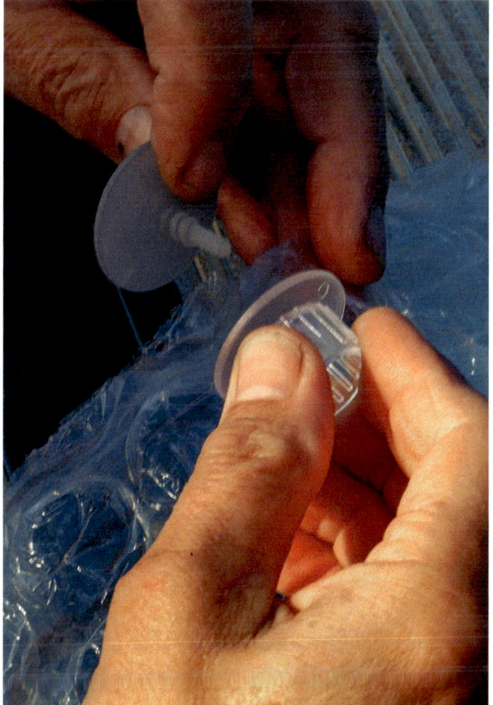

Zur Befestigung der Luftpolsterfolie gibt es unterschiedliche Systeme, diese Clips werden geklebt.

Sturmsicherung

Nicht genutzte Häuser werden im Winter oft vernachlässigt. Um Schäden zu vermeiden, sollte man vor der Winterpause alle Platten, Scheiben usw. kontrollieren. Glasklammern und Schienen der Windsicherung müssen fest sitzen. Bei automatischen Fensteröffnern wird der Kolben entfernt sowie die Halterung mit Draht fixiert. Lüftungsklappen müssen vollständig schließen. Bei Folienhäusern kann man zusätzliche Spanndrähte anbringen, die auch gegen Schneelast sichern.

TIPP

Im Winterbetrieb automatische Fensteröffner, sofern sie nicht gebraucht werden, sichern.

NOVEMBER/DEZEMBER

ANBAUEN UND ERNTEN

Salate wie Endivie und Feldsalat werden laufend geerntet, ebenso Spinat und Winterportulak.

AUSSAATEN IM NOVEMBER/DEZEMBER

Auf Aussaaten, außer Winterportulak und Spinat, die noch keimen, sollte man verzichten, Lichtmangel gefährdet alle Kulturen.

Spinat Man sollte auf Sorten achten, die möglichst mehltauresistent wie die Sorte 'Monnopa' sind. Die Ausbringung erfolgt in Breitsaat oder in Reihen mit 20 cm Abstand. Ernten kann man in den meisten Fällen bis Mitte März.

PRAXIS UND GÄRTNERWISSEN

Versalzung Im Laufe des Sommers und bei starkzehrenden Pflanzen reichern sich im Gewächshaus häufig Salze im Boden an. Wenn das Wasser verdunstet, bleiben von den Pflanzen nicht genutzte Salze im Boden zurück. Es ist günstig, diese Salze im Winter, wenn das Haus ungenutzt ist, mit Schnee kräftig auszuspülen.

Frostschutz Mit Vlies (Wintervlies mit meist 35 g/m²) kann man einer Temperatur bis -7° C trotzen. Es kann bei ausreichender Wasserver-

Die meisten Folienhäuser sind nicht für den Ganzjahresbetrieb gedacht, besonders die Schneelast kann problematisch werden. Besser im Winter abbauen und dunkel lagern.

sorgung unbedenklich 3 Wochen und länger auf den Pflanzen bleiben. Nachts ist es sogar möglich, ein 2. Vlies aufzulegen, das tagsüber wieder entfernt wird. Das Ziel sind natürlich kräftige, abgehärtete Pflanzen.

Gemüse einlagern Im Freiland geerntetes Gemüse kann man in einer Erdmiete einlagern. Dazu hebt man ein ca. 70 cm tiefes Viereck aus und schützt die Ränder mit Styrodurplatten. Das Gemüse in Schichten mit Erde und Sand lagern. Abgedeckt wird mit Stroh und Strohmatten, damit man an frostfreien Tagen einfachen Zugang zu den Vorräten hat.

Lüften An sonnigen Tagen das Lüften nicht vergessen, damit das Wintergemüse immer ausreichend frische Luft bekommt. Aber abends die Fenster rechtzeitig schließen!

Feldsalat in das optimale Wintergemüse, inzwischen werden viele multiresistente Sorten angeboten.

Nitratarmes Gemüse

Die Diskussion über die Gefährdung durch Nitrit, da Bakterien im Gemüse selbst und vor allem im Körper Nitrat zu Nitrit umwandeln, ist noch nicht abgeschlossen. Doch sollte man Säuglinge und Kleinkinder davor schützen. Will man sein Gemüse jetzt nitratarm ernten, sollte man Kopfsalat, Spinat und anderes Blattgemüse bevorzugt nach sonnenschein-/lichtreichen Tagen ernten, weil dann das in der Pflanze vorhandene Nitrat wahrscheinlich in Eiweiß umgewandelt wurde. Auf jeden Fall die Ernte in die Abendstunden legen, da der Nitratgehalt in der Regel deutlich niedriger ist als am Morgen. Nitrat ist in den Pflanzen unterschiedlich verteilt, besonders in Stielen, Strünken, großen Rippen und den äußeren Blättern ist der Gehalt höher.

DAS KÜBEL-PFLANZEN-JAHR

Neben dem richtigen Gefäß und dem Transport ist die Unterbringung der Kübelpflanzen im Winter wichtig. Optimal geeignet ist ein – meist nur frostfreies – Gewächshaus. Je mehr Licht, umso erfolgreicher gelingt die Kultur.

JANUAR

Viele der Kübelpflanzen stammen aus mediterranem Klima, für sie ist bis zum Ende des Monats noch Wachstumspause. Wenn allerdings die Januarsonne das Haus erwärmt, entwickeln sich manchmal schon neue Triebe und die überwinterten Läuse »erwachen«. Auf sie sollte ab Januar verstärkt kontrolliert werden, Befall sofort bekämpfen! An sonnigen Tagen kann kurzzeitig gelüftet werden.

FEBRUAR

Es ist – wie im Vormonat – immer noch Ruhe angesagt. Das bedeutet trotzdem: auf Schädlinge achten. Weil der Wasserbedarf steigt, muss eventuell mehr gegossen werden. Trockenes oder gar faulendes Laub entfernen, auch auf Mäuse achten, frische Triebe sind für sie zu dieser Jahreszeit ein Leckerbissen. Man kann schon überlegen: Welche Pflanzen müssen umgesetzt werden? Gibt es genügend Gefäße, reichen Erde und/oder Substrat?

Kamelien blühen manchmal schon im Januar, dann kann man sie vorübergehend ins Haus nehmen.

MÄRZ

Bei den überwinterten Kübelpflanzen ist schon richtig was los. Jetzt kann oder muss man eventuell umtopfen. Bei älteren und großen Exemplaren ist das immer mit großem Aufwand verbunden, manchmal genügt stattdessen eine Frischkur. Das gilt auch, wenn das Gefäß schon so groß ist, dass man ein noch größeres nicht mehr transportieren und überwintern kann. In diesem Fall wird die Erde einfach nur teilweise ersetzt. Hierzu muss man die Pflanzen nicht einmal austopfen. Es genügt, mit einer Handschaufel vorsichtig die oberste Erdschicht abzutragen und zu ersetzen. Dabei sollte man möglichst wenig Wurzeln beschädigen. Sollte der Ballen so stark durchwurzelt sein, dass man die Erde nicht entfernen kann, muss man austopfen. Dann schneidet man mit einer scharfen, sauberen Säge 2–3 Keile wie Tortenstücke aus dem Ballen heraus. Dabei etwa 10 cm Abstand zum Stamm einhalten. Danach setzt man den Ballen in das alte, natürlich gesäuberte Pflanzgefäß zurück und füllt mit neuer Erde auf. Beim Substrat auf gute Struktur achten.

APRIL

Hartlaubige Pflanzen, wie Zitrusgewächse, Kamelien und Oleander, können in vielen Gebieten jetzt schon ins Freiland. Notfalls kann man sie nachts oder bei Kälte mit Vlies schützen.

MAI

Ab Mitte den Monats werden die letzten überwinterten Kübelpflanzen ausgeräumt, am besten an einen nicht zu windigen Standort. Um eine reiche Blüte zu erzielen, ab Mai einen phosphor- und kaliumbetonten Blütendünger verwenden. Für alle Kübelpflanzen sind gerade im Frühjahr auch Spurennährstoffe wie Eisen, Schwefel, Bor oder weitere Salze wichtig. Spurennährstoffe sind zwar meist in den Volldüngern enthalten, doch Bor, Mangan, Zink, Kupfer und Molybdän, die für den Stoffwechsel der Pflanzen wichtig sind, nicht immer. Bei diesen Mikronährstoffen ist der Bedarf und die Verfügbarkeit von der Pflanzenart, vom pH-Wert, dem Substrat und der Bodenfeuchte abhängig. Ein spezieller Spurennährstoffdünger ist im Fachgeschäft erhältlich. Beim Ausräumen auch vertrocknete Triebe entfernen, je nach Sorte kann ein Formschnitt notwendig sein.

SEPTEMBER

Bei den Kübelpflanzen wird als Abschlussdüngung ein kali- und magnesiumbetonter Dünger eingesetzt, danach wird nicht mehr gedüngt. Die Pflanzen sollen jetzt ausreifen, die Triebe werden »holzig«, damit sie im Winterquartier besser gegen Pilzkrankheiten gefeit sind.

OKTOBER

Mitte des Monats ist die Zeit gekommen, Kübelpflanzen ins Winterquartier einzuräumen. Dies erfolgt in der Reihenfolge, wie sie im Frühjahr ausgeräumt wurden. Für die meisten Arten sind im Gewächshaus Temperaturen von etwa 8–10 °C ausreichend. Da die Pflanzen jetzt das Wachstum weitgehend einstellen, kann auch das Gießen auf ein Minimum reduziert werden. Die Zeit vor dem Einräumen sollte genutzt werden, um die Pflanzen gründlich auf eventuellen Schädlingsbefall zu kontrollieren. Notwendige Bekämpfungsmaßnahmen vor dem Einräumen durchführen. Besonders häufige Schädlinge sind Blattläuse, Weiße Fliegen, Schildläuse, Woll- oder Schmierläuse, Spinnmilben oder Thripse. Durch Rückschnitt der Pflanzen vor dem Einräumen lassen sich mehr Pflanzen im Haus unterbringen. Man schneidet hierfür die neuen Triebe etwa um ein Drittel zurück. Dabei geht man vorsichtig vor, nicht in holzige Triebe schneiden, das geschieht erst beim Treib- bzw. Formschnitt im Frühjahr.

NOVEMBER/DEZEMBER

Die Arbeit beschränkt sich auf regelmäßige Kontrollen, noch wird gar nicht oder minimal gegossen.

Je mehr Platz im Haus ist, umso weniger muss man die Pflanzen zurückschneiden.

TECHNIK UND AUSSTATTUNG

Sind Sie noch in der »Findungsphase« für Ihr Gewächshaus? Hier einige Gedanken und Tipps, die bei der Suche des richtigen Hauses hilfreich sein können. Vergleichen Sie die Angebote, dabei hilft die Checkliste!

SO FUNKTIONIERT EIN GEWÄCHSHAUS

Sonnenlicht, d. h. sichtbares Licht und kurzwelliges Infrarotlicht, wird durch die Bedachung in langwelliges Infrarotlicht, also Wärmestrahlung, umgewandelt, es entsteht der »Gewächs- oder Glashauseffekt«. Für die Wärmestrahlung ist die Bedachung (Glas, Kunststoff) dann undurchlässig, sie kann also nicht mehr zurück nach draußen gelangen.

Auch ein Wintergarten ist ein Gewächshaus, nur dass er eher zum Wohnen genutzt wird. Heute sind allerdings wenige Gewächshäuser mit Glas eingedeckt. Dieses Material ist vor allem gefragt, wenn das Haus im Garten eher eine gestalterische Funktion übernimmt! Die ersten Gewächshäuser wurden nur zum »Treiben« genutzt, um also Pflanzen – Wein, Obst, besonders Kirschen, Feigen, Ananas und Zitrus – durch Wärme »vorzeitig« zur Blüte oder Frucht zu bringen.

Mit dem Frühbeet, das eigentlich ein niedriges Gewächshaus darstellt, ging die Treiberei los. Aus dem bodennahen Frühbeet entwickelte man begehbare Frühbeete, gefolgt von Erdgewächshäusern, meist mit gemauerten Seiten und

Ein Gewächshaus aus verzinktem Stahl und Gartenklarglas ist heute eher selten. Dieses großzügige Haus stammt von einer Firma aus Tschechien, wird aber in Deutschland angeboten.

einem Dach. Um größere Pflanzen wie Palmen oder Orangen zu überwintern, entstanden Anlehnhäuser, an eine gemauerte Wand wurden dafür Bretter, später Glasfenster »gelehnt«. Das heute übliche Satteldachhaus wurde erst gebaut, als Glas durch Fortschritte in der technischen Fertigung erschwinglich wurde.

PREIS = QUALITÄT?

Zur Bewertung eines Gewächshauses muss man viele Dinge berücksichtigen: das Material der Konstruktion, die Art der Bedachung und natürlich die Größe, die Stehwandhöhe, die Zahl der Fenster, die Art der Tür. Zwar dient das Gewächshaus dazu, Pflanzen ein warmes Umfeld zu bieten. Darüber darf man aber nicht vergessen, dass in der sommerlichen Hauptnutzungszeit Temperaturwerte über 25 °C bei vielen Kulturen nachteilig sind, erst mit ausreichend vielen Lüftungsfenstern kann man hohe Temperaturen begrenzen. Die Lüftungsfläche sollte deshalb mindestens 20, besser 30–40 % der Gesamtglasfläche betragen. Mindestens 2 Dachfenster in jedem Giebel sollten vorhanden sein, um im Frühjahr nur die windabgewandte Seite lüften zu können. Optimal sind zusätzliche Fenster in den Seitenflächen. Bei gleicher Grundfläche (10 m²) kann je nach Ausführung der Konstruktion und Eindeckung der Kaufpreis zwischen 400 und 5000 € liegen. Bei guter Qualität kann die Nutzungsdauer eines Gewächshauses allerdings 20–30 Jahre betragen, dann relativiert sich der Preis. Die Garantie für die Konstruktion liegt zwischen 1 und 20 Jahren. Für die Eindeckung sollte sie immer mindestens 10 Jahre betragen. Unabdinglich ist eine dicht schließende« Tür – alles Faktoren, die sich auf den Preis auswirken. Was Sie beim Kauf alles abchecken können, ist in der Liste auf Seite 106 zusammengefasst.

Richtig sparen

Gewächshäuser werden manchmal als »sehr« kleine, preisgünstige Modelle angeboten. Man sollte lieber auf solche Sparangebote verzichten: Kleine Häuser erwärmen sich viel zu schnell, wird dann noch über die Tür gelüftet, hat man kein Gewächshausklima! Für das Geld kauft man besser ein größeres Folienhaus, auch wenn man später einmal die Folie ersetzten muss. (Die übrigens länger hält, wenn man sie im Winter dunkel einlagert!) Geld sparen kann man auch, wenn man im Herbst/ Winter auf Angebote achtet, in manchen Gartencentern und Baumärkten werden Gewächshäuser dann reduziert angeboten. Bei den Herstellern direkt sind manchmal Auslauf- oder Vorführmodelle günstig zu bekommen.

AUF EINEN BLICK: TIPPS ZUM EIGENBAU

Neben den Häusern »von der Stange« werden von einigen Gewächshausherstellern individuelle Gewächshäuser gefertigt. Doch sie sind teuer, da liegt es nahe, dass man sein Haus einfach selbst baut.

- *Zuerst wird häufig ein Tomatenhaus mit Folie gebaut, und zwar selbst konstruiert oder als Bausatz aus dem Versandhandel oder dem Gartencenter.*
- *Nach dieser Erfahrung versucht man sich an ausgemusterten Fenstern. Die Ergebnisse sind manchmal wenig vorzeigbar, doch das hängt natürlich vom Geschick des Erbauers ab.*
- *Holz ist bei Eigenbauten der übliche Baustoff. Geeignet sind gut abgelagerte Lärche, nordische Kiefer und Fichte, amerikanische Pitchpine, Meranti und Teak aus Forstkulturen. Man verwende stets nur beste Qualität, und achte auf eine Zertifizierung, dass das Holz aus nachhaltiger Produktion stammt.*
- *Solange man Folie und Kunststoffe als Bedachungsmaterial einsetzt, gibt es kaum statischen Probleme. Bei Isolierglas und gebrauchten Isolierglasfenstern ist mit erheblichen Gewichten zu rechnen, dann unbedingt einen Fachmann zurate ziehen!*
- *Übliche Holzverbindungen, wie Zapfen, sind zu vermeiden. Metallwinkel und Schrauben nur aus korrosionsbeständigem Material wählen. Darauf achten, dass Wasser innen und außen ungehindert abfließen kann. Der sogenannte Wasserschenkel im Fensterbau ist Vorbild, ein schräg abwärts weisendes Profilelement als untere Tropfkante.*

Es gehört viel handwerkliches Geschick dazu, ein Gewächshaus aus alten Fenstern nicht nur stabil, sondern dazu auch noch ästhetisch ansprechend zu bauen. Hier ist es gelungen.

GEWÄCHSHAUSTYPEN UND EINRICHTUNG

DAS SATTELDACHHAUS

Das typische Gewächshaus ist ein Satteldachhaus, der typische Freizeitgärtner sucht ein Tomatenhaus, deshalb passt diese Kombination perfekt. Mit senkrechten Stehwänden sind Satteldachhäuser »der« Haustyp für alle Kulturen, hier lassen sich Stellagen, Hänge- oder Klapptische für die Anzucht wunderbar unterbringen. Daneben sind aber auch Kulturen direkt im Boden möglich. Schräge Seitenwände sind eher selten. Aber auch sie haben ihre Vorteile: Hier wird der Boden des Beets besser belichtet, das ist vorteilhaft für die Winternutzung.

Dachneigung

Optimal ist eine Dachneigung von 24–30 Grad, dadurch kann der Sonnenstand in Mitteleuropa gut genutzt werden, Regen- und Kondenswasser sowie Schnee können außerdem problemlos ablaufen bzw. abrutschen. In unseren Breiten muss man mit 25 kg Schneelast pro m^2 rechnen. Der Wert kann aber auch höher liegen, besonders wenn das Haus nicht beheizt wird. Eine geringere Dachneigung ist zwar im Winter günstig, allerdings kann bei niedrigem Sonnenstand das Licht weniger genutzt werden. Weil der Einstrahlwinkel zu flach ist, wird ein Großteil des Sonnenlichts reflektiert und gelangt nicht ins Innere des Gewächshauses

Wandhöhe und Grundfläche

Die Stehwandhöhe sollte mindestens 1,50, besser 2 m und mehr betragen. Die Firsthöhe sollte nicht unter 2,50 m liegen. First- und Stehwandhöhe sowie -neigung bestimmen die spätere Nutzung. Man sollte im Haus unbedingt aufrecht stehen und arbeiten können. Da Gurken und Tomaten hoch hinauswachsen, profitieren sie von der Wandhöhe, denn das Einbrennen der Triebspitzen am Glas wird vermieden. Bei allen Haustypen sollte man darauf achten, dass die Tür möglichst breit ist – so kann man bequem mit einem Schubkarren durchfahren, was besonders beim Bodenaustausch, wenn große Substratmengen transportiert werden müssen, hilfreich ist.
Als Erdhaus spart das Satteldachhaus Energie, doch reicht im Winter das Licht nicht für Gemüsekulturen. Interessant ist es dennoch für Zierpflanzen wie Orchideen. Die Mindestgröße für ein Gewächshaus sollte nicht unter 5 m^2, besser bei 12 m^2, liegen; noch besser ist natürlich eine noch größere Fläche, denn dann ist das Verhältnis Kultur- zur Wegfläche günstiger.

Winterfest?

Erfragen Sie beim Kauf unbedingt, welche Schneelast auf dem Dach lasten kann!

ANLEHN- ODER PULTDACHGEWÄCHSHAUS

Man kann ein Gewächshaus an eine Wand »anlehnen«, solche Häuser erhalten dann weni-

AUF EINEN BLICK: DAS RUNDDACHHAUS

Alles, was über das Satteldach angeführt wurde, lässt sich auch über das Runddachhaus sagen. Der Unterschied: Das Dach ist eben rund! Früher waren für diese Form Folien üblich, heute wird es auch mit Doppelstegplatten angeboten.

- *Der Vorteil eines Runddaches liegt im Fehlen störender Konstruktionsteile im Dach, außerdem ist es preiswerter.*
- *Nachteilig wirkt sich aus, dass die Lüftungselemente nur in die senkrechten Wände eingebaut sind. Da die Dachrundung vielfach bereits am Boden beginnt, sollte man unbedingt bei Stegplatten auf No-drop-Eigenschaften achten (siehe Seite 103).*

  Es ist vorteilhaft, die Tür als »Klöntür« auszuführen. So lässt es sich individuell lüften.

Runddachhaus mit »Klöntür«. Mit ihr kann man individueller lüften, wenn Dachfenster fehlen.

ger Licht, dafür speichern sie vor der festen Wand die Wärme besser. Besonders beheizte Häuser lassen sich so kostengünstiger betreiben. Bevorzugt wird zum Anlehnen die Südwand gewählt, hier heizt sich das Haus schnell auf. Allerdings ist im Sommer auch ausreichende Lüftung und eine Schattierung – möglichst außen angebracht – wichtig. Wird das Haus an das Wohnhaus »angelehnt«, kann es bei entsprechender Größe auch zum Aufenthalt genutzt werden. Ab einer gewissen Grundfläche sind Bauvorschriften zu beachten. Auf jeden Fall eignet sich diese Form von Gewächshaus für den Gärtnertyp, der das Angenehme mit dem Nützlichen verbinden möchte.

DAS FUNDAMENT

Die meisten Hersteller bieten Fertigfundamente für ihre Häuser an, als Stahlfundament tragen sie zusätzlich zur Stabilität der Gesamtstatik bei. Doch auch Fertigfundamente müssen sorgfältig eingebaut werden – schon leichte

Verwerfungen beeinträchtigen den Aufbau. Feste, frostfrei begründete Fundamente sind natürlich immer besser. Sie lassen sich leicht zusätzlich isolieren, was besonders für beheizte Häuser wichtig ist. Zum anderen schützen sie vor Mäusen, die frische Triebe und Samen besonders schätzen. In jedem Fall muss das Fundament ausgewinkelt und waagerecht sein. Ein minimales Gefälle für Häuser mit Dachrinne wird in der Bauanleitung ausgewiesen. Höhere Fundamente mit abgesenkter Tür vergrößern den Luft- und Nutzraum.

Anschlüsse

Bei der Konzipierung eines Gewächshauses sollte man immer auch an einen Wasser- bzw. Stromanschluss denken.

Für ein Anlehngewächshaus findet sich immer ein Platz. Natürlich ist die Südlage zu bevorzugen!

DER RICHTIGE STANDORT

Das Gewächshaus wird vom Licht betrieben, also muss der Standort so viel Licht wie möglich bieten. Da die Sonne im Winterhalbjahr die geringste Einstrahlung hat, sollte man die größte Fläche des Hauses, meist die Längsseite, nach Süden ausrichten.

Um das Licht zu reduzieren, kann man Glasflächen schattieren. Daraus ergibt sich die Ausrichtung in der Ost-West-Richtung. Soll das Haus nur im Sommer genutzt werden, kann die Nord-Süd-Richtung besser sein, da für Gurken und Tomaten die Temperatur nicht so schnell ansteigt. Bei den meisten Gewächshäusern ist der Unterschied von Länge und Breite nicht gravierend. Besonders, wenn das Haus beheizt wird, sollte man die kleinste Fläche eher der Hauptwindrichtung zuordnen: Wind kostet mehr Energie als Kälte. Auch die Anpflanzung einer Hecke oder ein Zaun kann den Wind brechen.

ALLES EINE FRAGE DES MATERIALS

Das Gerüst des Gewächshauses besteht heute mehrheitlich aus formbarem, langlebigem Aluminium, seltener aus Holz, Stahl und Kunststoff. Für die Bedachung werden 3 unterschiedliche Materialien eingesetzt:

Glas wird in unterschiedlicher Ausführung verwendet: Bei Gartenklarglas, innen mit genörpelter und damit vergrößerter Oberfläche, wird das Licht besser gestreut. Blankglas mit glatter Oberfläche sollte nicht unter 4 mm dick und die Scheiben möglichst groß sein. Für Wintergärten oder Häuser, in denen man sich länger aufhält oder die ganzjährig beheizt werden, wählt man Sicherheitsglas, Isolierglas und Spezialgläser, z. B mit inliegender Schattierung oder als Wärmeschutzglas. Manchmal wird auch Glas in den Seitenwänden verwendet, um freie Sicht in den Garten zu haben. Im Dach werden Stegdoppelplatten zur besseren Isolierung eingesetzt.

Folien Groß ist auch hier das Angebot: Es gibt UV-stabilisierte Polyethylenfolien (PE-Folien) mit zusätzlicher Verstärkung als Gitterfolie. Es gibt Folien mit einer Antitau-Beschichtung und UV-durchlässige PE-Folien, sie bieten gegenüber Glas Vorteile, die Pflanzen entwickeln sich kompakter, der Geschmack z. B. der Tomaten, ist intensiver. Da Folien sich jedoch statisch aufladen, verschmutzen sie schneller als Glas.

Kunststoffplatten Heute in Gebrauch sind Stegdoppel- oder Hohlkammerplatten, je nach Stärke mit 1–3 luftisolierenden Stegen (Zwischenräumen). Am gängigsten sind farblose Platten aus Polycarbonat in einer Stärke von 4, 6, 10 oder 16 mm, die witterungsbeständig und leicht sind. Die Lichtdurchlässigkeit (10 mm) liegt bei mehr als 80 %.

In ein farbiges Aluminiumgewächshaus mit Blankglas, ein typisches »Glashaus« kann man hinein-, aber auch hinausschauen. Nachteilig sind die Bruchgefahr und und die geringe Nutzung des UV-Lichtanteils.

Für Gewächshäuser müssen die Platten UV-beständig sein, zumindest an der Außenseite. Platten aus Polymethylmethacrylat (PMMA, als Acryl- oder Plexiglas bekannt) sind fest, witterungsbeständig, mit 91 % hoch lichtdurchlässig, dazu absolut UV-beständig und noch im langjährigen Einsatz UV-durchlässig.
Alle Hohlkammerplatten können mit einer Beschichtung, die als »no drop«, bezeichnet wird, geliefert werden. Diese Schicht verhindert, dass das Kondenswasser tropfenweise abfließt, es bildet einen Film, der nach unten abläuft. Alle Materialien unterscheiden sich bezüglich der Strahlungsdurchlässigkeit. Dabei spielen die für den Menschen unsichtbare UV-Strahlung, die sichtbare Strahlung und die Wärmestrahlung eine Rolle. So ist die UV-Strahlung u. a. für das Streckungswachstum, die Ausfärbung bzw. dem Geschmack wichtig. Die sichtbare Strahlung steuert das Wachstum und sollte darum möglichst hoch sein, zu hohe Strahlung kann, bzw. muss durch Schattierung reduziert werden.
Das Bedachungsmaterial sollte also preiswert, witterungsbeständig, haltbar, durchlässig für UV-Strahlung und sichtbares Licht sein, aber undurchlässig für Wärmestrahlung sein. Dazu auch noch leicht, gut zu verarbeiten und in Herstellung und Entsorgung umweltverträglich.

Wichtige Daten

Technische Daten wie Wärmedurchgangskoeffizient und Lichtdurchlässigkeit sollte man immer beim Hersteller erfragen. Grundsätzlich gilt: Je dicker die Platte, (2 oder 3 Stege/Kammern) desto besser die Isolierung und umso schlechter die Lichtdurchlässigkeit.

ÜBERLEGUNGEN ZUR LÜFTUNG

Ein Gewächshaus kann nie zu viele Lüftungsklappen aufweisen, sie müssen aber dicht schließen. Lüftung darf nicht Zugluft sein. Die Tür sollte nur in Ausnahmefällen der Lüftung zugerechnet werden. Optimal sind beidseitige Lüftungsklappen im Dach und in den Seitenwänden. Man kann so, je nach Windrichtung, immer die dem Wind abgekehrte Seite lüften. Für Gemüseanbau sollte man die seitlichen Lüftungen möglichst tief anbringen, das ermöglicht eine bessere Luftzirkulation. Die Belüftung beeinflusst Temperatur und Luftfeuchtigkeit. Trockene Luft kann den Pflanzen Feuchtigkeit entziehen, dann muss die Luftfeuchte erhöht werden – etwa indem man Wasser über Wege und Wände sprüht.
Im Winter sollte die Feuchtigkeit eher geringgehalten werden, bei schwachem Tageslicht und feuchter Atmosphäre breiten sich leicht Pilzerkrankungen aus. Wenn die Außentemperatur im Winter über dem Gefrierpunkt liegt, sollte man, zumindest bei Wintergemüse, bedenkenlos lüften – und zwar am besten über Mittag, dann ist es am wärmsten.
Zusätzlich kann die Luft dadurch trocken gehalten werden, dass man im Gewächshaus sparsam

Lampen

Bei der Auswahl der Beleuchtung muss man darauf achten, dass die Lampen für den Feuchtraum geeignet sind.

gießt. Pflanzen in der Ruhe (die meisten Kübelpflanzen) sollten überhaupt kein Wasser benötigen.

Mit einer Erdtopfpresse kann man seine eigenen Töpfe »pressen«, allerdings ist Torf dabei wichtig!

INNENAUSSTATTUNG

Für den Anbau von Gemüse reichen sogenannte Grund- oder Bankbeete – dabei handelt es sich eigentlich um den Gewächshausboden, der meist nach vorn durch eine höhere Kante geschützt wird.

Tische sind für Zierpflanzen besser, denn hier ist das Gießen erleichtert. Sie sollten nicht mehr als 100 cm hoch und nicht weniger als 70 cm tief sein. Sehr praktisch sind Klapptische, die zuerst für die Jungpflanzenanzucht genutzt werden, später dann den Platz für Tomaten und Co. freimachen.

Hängetische und Regale erweitern die Nutzfläche, sie werden für lichthungrige Pflanzen besonders in den Wintermonaten gebraucht. Auch Jungpflanzen (Sämlinge/Stecklinge) fühlen sich auf Hängetischen direkt unter Glas am wohlsten.

Arbeitsplatz Ein Arbeitsplatz direkt im Gewächshaus ist keinesfalls Platzverschwendung. Hier kann man im Frühjahr und Herbst windgeschützt pikieren, topfen und aussäen. Die Pflanzen werden keinem Stress ausgesetzt, bleiben in der Gewächshausatmosphäre. Den Sommer über kann der Arbeitsplatz dann dem Gemüse weichen. Praktisch sind Pflanzwannen aus Kunststoff. Wenn man die Wege bzw. den Abstand der Tische im Haus der Wanne anpasst, kann man zwischen den Tischen arbeiten.

Auswahl der Gefäße

Töpfe, Multiplatten, Saatschalen Kunststofftöpfe sind heute das übliche Gärtnerwerkzeug, Tontöpfe eher schon Schauobjekte, Erdpress-, Torf-, Papier- oder Kokostöpfe ebenfalls nutzbar. Am besten für die Anzucht eignen sich Multitopfplatten, das sind quasi Töpfe, die in Reihen miteinander verbunden sein. Eine Multiplatte sollte unbedingt stabil sein, um sie gut reinigen und so mehrfach über Jahre verwenden zu können. Aus Gründen der Nachhaltigkeit niemals Einwegplatten verwenden! Je nach Pflanzenart verwendet man Multitopfplatten, die einen Durchmesser pro Einzeltopf von 2 cm bis 8 cm haben.

Topfherstellung

Man kann ganz einfach Töpfe für die Anzucht aus Papier herstellen, dazu benötigt man eine spezielle Holzpresse. Bekannt sind aus England stammenden Topfpressen unter dem Namen Paper Potter. Es gibt sie in verschiedenen Größen für kleinere oder größere Töpfe.

Eine tragbare Arbeitswanne kann im Haus und später auch im Freiland genutzt werden.

Vlies – mehr als Schatten

Manchmal muss man nicht das ganze Haus, sondern nur eine Kultur, z. B. frisch pikierte Sämlinge oder umgetopfte Pflanzen, schattieren. Dann spendet dünnes Vlies Schatten und reduziert die Verdunstung. Da Vlies sehr leicht ist, kann man es auch im Gewächshaus über ins Beet gesetzten Pflanzen anbringen, um die Verdunstung und die Blattoberflächentemperatur zu verringern.

TIPP

Der Vorteil der Papiertöpfchen: Sie lassen sich später direkt mit ins Beet pflanzen, wo sie zuerst die jungen Wurzeln schützen, dann aber verrotten. In der Regel wird Zeitungspapier empfohlen. Besser ist es, unbedrucktes Papier, wie es immer häufiger als recyceltes Verpackungsmaterial zu finden ist, zu verwenden.
Eine andere Methode ist die Herstellung von Erdpresslingen. Dazu benötigt man eine Erdtopfpresse, die gibt es in unterschiedlichen Größen. Eine Anschaffung fürs Leben! Allerdings lassen sich richtig gute Töpfe am besten mit Torfhaltiger Erde formen. Aber auch Kompost und Kokos sind möglich!

CHECKLISTE FÜR DIE ANSCHAFFUNG

Vergleichen kann man nur, wenn man für alle Optionen auch vergleichbare Angaben erhält, d.h. wenn in den Katalogen der Gewächshaushersteller neben stimmungsvollen Bildern auch Angaben über Materialien zu finden sind!
Zu empfehlen ist immer auch der Besuch einer Musterausstellung. Das Gewächshaus wird meistens als Bausatz geliefert, deshalb sollte man sich die Bauanleitung ruhig vorher zeigen lassen oder vorab im Internet einsehen. Ist sie verständlich? Traut man sich überhaupt zu, das Haus fachgerecht aufzubauen? Stehen eventuell Helfer zur Verfügung? Allein kann man ein Gewächshaus meist nicht aufbauen. Manche Hersteller oder Lieferanten bieten an, das Haus fachgerecht aufzubauen. Der Preis für eine »schlüsselfertige« Lieferung ist jedoch unterschiedlich. Also auch diese Option im Angebot vergleichen! Es werden Finanzierungsmodelle angeboten, auch die muss man vergleichen. Nicht zuletzt, wenn irgend möglich, sollten Sie ein Haus wählen, das man später durch einen Anbausatz erweitern kann, denn »Gewächshausgärtnern« macht süchtig und bringt Spaß. Und Kleingewächshäuser heißen die nur, weil sie immer zu klein sind!

WAS KANN MAN VERGLEICHEN?

	Anbieter A	Anbieter B
Satteldachgewächshaus Anlehngewächshaus Rundbogengewächshaus Konstruktionshaus/Maßanfertigung Foliengewächshaus		
Aluminiumqualität		
Stahl		
Wintergartenqualität		
Holz		
Isolierung		
Lieferzeit		
Dichtungen: Vollgummi Verglasungsvollgummi		
Montageanleitung Vorabprüfung möglich Musterhausbesichtigung		
Sprossen: Sprossenprofil, Aluminiumstärke, Aufnahmeschlitz für Schrauben		
Firstprofilstärke		

WAS KANN MAN VERGLEICHEN?

	Anbieter A	Anbieter B
Fundament als Fertigfundament Fundamentplan		
Dachrinnenausführung: Kunststoff, Aluminium, Bestandteil der Konstruktion		
Tür als Schiebetür mit Bürstendichtung »Karrenbreite«		
Tür als Drehtür »Karrenbreite«		
Schrauben aus Edelstahl		
Lieferkosten: frachtfreie Anlieferung, Entfernungstabelle/Pauschale		
Zahlungsbedingungen: Ratenzahlung, Zinsen		
Zubehör		
Größe: m², Verhältnis von Länge und Breite		
Firsthöhe		
Bedachung: m²		
Automatische Fensteröffner		
Hohlkammerplatten: 4 mm, 6 mm, 10 mm, 16 mm, Zweifach/dreifach, Polycarbonat, Plexiglas, »No drop«-Beschichtung, UV-durchlässigkeit, Lichtdurchlässigkeit in %, Garantie, Zuschnitt,		
Glas: 4 mm, ESG, Sicherheitsglas, ISO-Glas, Zuschnitt, Mischverglasung Dach/Wände,		
Farbige Pulverbeschichtung gegen Aufpreis in weiß oder anderen RAL-Farbe		
Eloxierung		
Montage durch Firma: Montagekosten		
Energieplan Wärmebedarfsermittlung		
Preis incl. Mehrwertsteuer		
Anbaumöglichkeit durch Verlängerungsbausätze		

BEZUGSQUELLEN

Gewächshaus und Zubehör
Alitex Greenhouses and Conservatorie
Adalbert-Stifter-Straße 11
D-65375 Oestrich-Winkel
www.alitex.de

Ing. G. B. Beckmann KG
Simoniusstraße 10
D-88239 Wangen/Allgäu
www.beckmann-kg.de

Gewächshausplaza
Süntelstraße 24
D-31840 Hessisch Oldendorf
www.gewaechshausplaza.de

Gewächshäuser und mehr e.K. Ferdinand Schleinitz
Erlanger Straße 26
D-91077 Neunkirchen am Brand
www.top-gewaechshaus.de

Heim und Hobby Internet Vertriebs GmbH
Okenstraße 59
D-77652 Offenburg
www.heim-und-hobby.de

HOKLARTHERM GmbH
An der Süderbäke 2
D-26689 Apen
www.hoklartherm.de

Juliana Gewächshäuser GmbH
Maurerstraße 38
D-21244 Buchholz i.d. Nordheide
www.juliana.com

Krieger Gewächshäuser
Gahlenfeldstraße 5
D-58313 Herdecke
www.kriegergmbh.de

Palmen GmbH
Grüner Weg 37
D-52070 Aachen
www.palmen-gmbh.de

TMK GmbH: Princess Gewächshäuser
Industrieparkstraße 4
A-8480 Mureck
www.princess-glashausbau.com

VOSS GmbH & Co. KG
Reichelsheimer Straße 4
D-55268 Nieder-Olm
www.voss-ideen.de

Wama Gewächshäuser
Hollertszug 27
D-57562 Herdorf
www.wamadirekt.de

Hunecke GmbH Gewächhauszubehör
Krackser Straße 12
D-33659 Bielefeld
www.hunecke-zubehoer.de

Steuerungen für Gewächshäuser
Andreas Roth, Klima-Roth GbR
Waldstraße 19a
D-69488 Birkenau
www.klima-roth.de

Folien, Vlies
dm-folien GmbH,
Markwiesenstraße 33
D-72770 Reutlingen
www.dm-folien.com

REGISTER

Seitenzahlen mit * verweisen auf Abbildungen.

Abhärten 41, 44, 44*
Ameisen 45, 63, 63*, 66
Anbauplanung 21, 22, 23
Andenbeere 37
Andrückbrett 29, 29*
Anlehngewächshaus 99, 100
Anzucht 20, 20*, 21, 21*, 24, 24*, 25, 25*, 26, 26*, 27, 28, 28*, 29, 104, 105
Arbeitswanne 29, 29*
Asiasalate 19, 20, 37, 52*, 67, 67*, 85, 85*
Auberginen 26*, 36, 36*
Aufblatten 54, 55
Ausgeizen 54, 55, 55*
Auspflanzen 24, 43, 46, 47
Aussaat 24, 24*, 25, 29
Aussaaterde 29
automatische Fensteröffner 71

Bedachungsmaterial 103
Beleuchtung 104
Bestäuben 13, 13*, 32, 45, 45*, 58, 58*, 36
Bewässern 48, 48*, 49
Blütenendfäule 47, 57
Bodenmüdigkeit 21
Bodenpflege 21, 22, 22*, 23, 83, 83*
Bodenstruktur 22
Bodentemperatur 38, 39, 44, 44*, 46, 51, 76*, 77
Bohnen 43, 63
Braunfäule 78, 79, 80

Calciummangel 57
Chili 14, 14*, 15, 15*, 18, 26, 80, 81*
Chinesische Gemüsemalve 34

Dachneigung 99
Desinfektion 25, 84
Düngung 40, 41, 42, 46, 48, 50, 56, 56*, 57, 59, 61, 64, 65, 68, 83, 93

Echter Mehltau 74
Eigenbau 98, 98*
Eisenmangel 57, 65
Endivie 20, 52, 85
Entspitzen 55
Erdbeeren 38, 45, 45*
Erdsack 49, 49*
Erdtopfpresse 104*, 105
Erfrieren 86

Falscher Mehltau 74, 74*
Feldsalat 20, 75, 82, 82*, 84, 85, 89, 89*
Fensteröffner 87, 97*
Foliengewächshaus 38, 88*
Frost 24, 86, 88, 89
Fruchtfolge 21
Frührettich 19
Fundament 100, 101

Geilwuchs 24, 24*, 25, 25*, 31, 39
Gelbtafeln 73
Gemüselagerung 89
Gemüsemalve 34
Gewächshausanschaffung 106, 107
Gewächshauseffekt 96
Gewächshausplanung 97
Gießen 49
Gurken 12, 12*, 13, 13*, 18, 26, 32, 32*, 41, 50, 50*, 59, 59*, 60, 60*, 65, 65*, 66, 74, 80, 81

Hängetische 104
Heizung 37*, 51, 51*, 75, 76, 76*, 77
Hirschhorn-Wegerich 35
Hohlkammerplatten 103

Innenausstattung 104, 105
Isolation 84*, 86, 86*, 87, 87*, 101, 102, 103

Kaliummangel 57
Kapuzinerkresse 34
Klöntür 100
Knoblauch 20, 20*
Knoblauchbrühe 48
Kohl 33, 34, 37, 39, 43, 63
Kohlrabi 19, 27, 32, 33, 33*, 63, 75
Krankheiten 41, 53
Kräuter 38, 41, 42
Krautfäule 78
Kresse 33
Kübelpflanzen 47, 47*, 90, 90*, 91, 92, 93, 93*
Kunststoffplatten 102
Kürbis 42

Läuse 44, 66
Lichtbedarf 24, 28, 29
Lichtdurchlässigkeit 103
Löffelkraut 83
Luftfeuchtigkeit 38, 64, 85, 85*, 103, 104

Luftpolsterfolie 84*, 86*, 87, 87*
Lüftung 64, 70, 71, 85, 89, 103, 104

Magnesiummangel 57
Mairübe 35
Mangold 33
Marienkäfer 66, 66*
Möhren 21, 67
Mulchen 48, 48*, 49
Multitopfplatten 75*, 104, 105

Nachpflanzen 59, 60
Nachreife 79, 79*
Nährstoffmangel 57, 74
Neuseeländer Spinat 35, 35*
nitratarmes Gemüse 89
Nützlinge 60, 66, 66*

Okra (Gemüseeibisch) 34. 34*

Papiertöpfe 105
Paprika 14, 14*, 15, 15*, 18, 26, 26*, 32, 41, 50, 51, 51*, 60, 61, 61*, 66, 74, 81, 81*, 85
Pflanzenbedarf 22
Pflanzenschutz 55, 60, 63, 68, 68*
Pflanzenstärkung 53, 56, 68, 68*
Pflanzgefäße 104, 105
Pikieren 21, 29, 30, 31, 39, 39*
Pikiererde 29
Portulak 42, 42*
Puffbohne 18, 19, 19*, 27
Pultdachgewächshaus 99, 100

Radicchio 63
Radies 19, 20, 27, 28, 33, 52
Regale 104
Reinigung 78, 78*, 83, 84
Rettich 19, 20, 27, 27*, 33, 43, 52, 63
Rosenkohl 34
Rote Bete 34, 43
Rucola (Salatrauke) 52, 52*
Runddachhaus 100

Saatgut 10, 23, 25, 41, 63, 78, 79, 79*, 80, 80*
Salat 27, 43, 43*, 51, 61, 62, 62*, 67, 75, 81, 83
Salatchrysanthemen 37
Satteldachhaus 99
Schachtelhalmextrakt 68
Schadbilder 73, 72*
Schädlinge 44, 45, 72, 72*
Schärfegrad 15, 15*
Schattierung 70, 70*, 71, 72, 103
Schimmel 81*
Schnecken 44, 45, 45*
Schneelast 88, 88*, 99
Schnittlauch 38, 81
Selbstbestäuber 61, 61*, 36
Selbstverträglichkeit 7
Sonnenschutz 72
Spinat 20, 75, 84, 85, 86, 88
Spinnmilben 74, 80
Standortwahl 101
Stegdoppelplatten 102
Stehwandhöhe 97
Stielmus 19, 19*
Strahlung, aktive (PAR) 28, 103
Strahlungsdurchlässigkeit 103

Tagetes 34
Technik 96, 97
Temperaturregulation 64
Thai-Basilikum 42, 42*
Tiefersetzen 39
Tomaten 10, 10*, 11, 11*, 18, 25, 25*, 30, 40, 41, 46, 47, 47*, 48, 48*, 49, 49*, 50, 50*, 51, 51*, 54, 55, 55*, 56, 56*, 57, 57*, 64, 64*, 65, 72, 78, 79, 79*, 80, 80*, 84
Topfpflanzenerde 29
Trauermücken 29
Trillern 58, 58*
Tropfbewässerung 68, 69*
Tür 97

Überdüngung 57, 73
Überwinterung 92, 93
Umfallkrankheiten 29, 41
Umtopfen 92

Veredeln 31, 31*
Versalzung 88
Vlies 18, 19, 20, 24, 71*, 88, 89, 105
Vorkultur 20, 20*, 21, 21*, 22, 24*, 25*, 27
Vortreiben 38, 38*, 81, 96,

Wachstumsleuchte 24, 24*, 25, 28, 29
Wasserbedarf 38, 48, 49, 52, 69, 73, 85, 92, 93
Weiße Fliege 73, 93
Wintergemüse 86, 87
Winterheckenzwiebel 38
Winterportulak 20, 82, 82*, 86, 88
Winterrettich 63, 67
Wintersicherung 87, 87*
Wuchshemmung 65

Zucchini 42, 52, 53, 53*, 62,
Zukauf 32

BLV ist eine eingetragene Marke der GRÄFE UND UNZER VERLAG GmbH, www.blv.de

ISBN 978-3-8354-1879-0
7. Auflage 2025

Lektorat:
Christa Klus-Neufanger
Umschlaggestaltung:
griesbeckdesign, München
Layout: Claudia Padula,
München
Satz: Anton Walter,
Gundelfingen
Repro: Repro Ludwig,
Zell am See
Druck und Bindung:
Livonia Print, Lettland

Bildnachweis
Umschlagbilder: Jörn Pinske
Alle Bilder im Innenteil:
Jörn Pinske

Wichtiger Hinweis
Das vorliegende Buch wurde sorgfältig erarbeitet. Dennoch erfolgen alle Angaben ohne Gewähr. Weder Autor noch Verlag können für eventuelle Nachteile oder Schäden, die aus den im Buch vorgestellten Informationen resultieren, eine Haftung übernehmen.

Liebe Leserin und lieber Leser,

wir freuen uns, dass Sie sich für ein BLV-Buch entschieden haben. Mit Ihrem Kauf setzen Sie auf die Qualität, Kompetenz und Aktualität unserer Bücher. Dafür sagen wir Danke!
Ihre Meinung ist uns wichtig, daher senden Sie uns bitte Ihre Anregungen, Kritik oder Lob zu unseren Büchern. Haben Sie Fragen oder benötigen Sie weiteren Rat zum Thema?
Wir freuen uns auf Ihre Nachricht!

GRÄFE UND UNZER Verlag
Grillparzerstraße 12
81675 München
www.graefe-und-unzer.de

DIE KÖNNTEN SIE AUCH INTERESSIEREN.

ISBN 978-3-8354-1438-9

ISBN 978-3-96747-097-0

ISBN 978-3-8354-1549-2

ISBN 978-3-8354-1768-7

ISBN 978-3-8354-1370-2

ISBN 978-3-96747-100-7

Mehr von BLV auf **www.blv.de**

HUMAN LIBERTY AND RESPONSIBILITY IN EXISTENTIALISM

THEISTIC AND ATHEISTIC EXISTENTIALISM

DR S K SACHAN | PH. D

ISBN 979-888546111-5